高等职业教育人工智能工程技术系列教材

U0225548

计算机视觉应用实战

（OpenCV）

（微课版）

王伟斌　黄日辰　主　编

邱郑宜人　刘日仙　叶继阳　副主编

电子工业出版社

Publishing House of Electronics Industry

北京·BEIJING

本书基于 Python 3.8 和 OpenCV 4.5 编写，全书共有 9 章，包括计算机视觉概述、环境搭建、简易调色画布、几何图像绘制、简单的图像处理、马赛克、图像美颜、人脸检测、人脸跟踪。读者通过学习本书内容并运行相应的仿真程序，可以更加深刻地理解图像处理的内容，并且更加熟练地掌握计算机视觉在相关领域的应用。

本书既适合作为计算机视觉与图像处理、人工智能算法开发人员的指导用书，也适合作为高职院校中计算机视觉与图像处理、人工智能等相关专业学生的教材。

图书在版编目（CIP）数据

计算机视觉应用实战：OpenCV：微课版 / 王伟斌，黄日辰主编．—北京：电子工业出版社，2023.3

高等职业教育人工智能工程技术系列教材

ISBN 978-7-121-45056-3

Ⅰ. ①计… Ⅱ. ①王… ②黄… Ⅲ. ①计算机视觉－高等职业教育－教材 Ⅳ. ①TP302.7

中国国家版本馆 CIP 数据核字（2023）第 027622 号

责任编辑：徐建军　　　　　　　　特约编辑：田学清
印　　刷：固安县铭成印刷有限公司
装　　订：固安县铭成印刷有限公司
出版发行：电子工业出版社
　　　　　北京市海淀区万寿路 173 信箱　　　　邮编：100036
开　　本：787×1 092　　1/16　　印张：10.75　　字数：198 千字
版　　次：2023 年 3 月第 1 版
印　　次：2025 年 2 月第 3 次印刷
印　　数：800 册　　　定价：49.00 元

凡所购买电子工业出版社图书有缺损问题，请向购买书店调换。若书店售缺，请与本社发行部联系，联系及邮购电话：（010）88254888，88258888。

质量投诉请发邮件至 zlts@phei.com.cn，盗版侵权举报请发邮件至 dbqq@phei.com.cn。

本书咨询联系方式：（010）88254570，xujj@phei.com.cn。

计算机视觉技术是在图像处理技术基础上发展起来的一门学科。随着计算机视觉所依赖的硬件设备的不断升级，以及人们在视觉技术领域的需求增多，计算机视觉技术在很多领域发挥着越来越重要的作用。OpenCV 是一个开源的计算机视觉库，该库包括各种计算机视觉算法。近年来，OpenCV 在图像分割、物体识别、运动跟踪、人脸识别、目标检测、机器视觉、机器人等领域的应用非常广泛。OpenCV 所展现出来的丰富内容，是目前开源视觉算法库中非常出色的。

随着人工智能技术的飞速发展，很多高职院校开设了人工智能技术应用等专业，而计算机视觉技术是人工智能技术应用专业的重要课程之一。在这一背景下，编者基于 Python 3.8 和 OpenCV 4.5，面向高职学生和计算机视觉的初学者，编写了本书，内容涵盖了传统图像与视频的常用处理方法，本书案例丰富、语言通俗易懂，适合读者快速入门。

本书的主要目的如下。

• 为读者学习 OpenCV 提供一份好的参考资料。

• 让没有图像处理基础的读者实现轻松的入门。

• 读者通过项目案例的形式，在学习知识过程中建立项目意识。

• 读者通过学习具体的案例，能够快速掌握图像处理的相关理论基础和算法。

本书基于 Python 编程语言，由浅入深、循序渐进地介绍了 OpenCV 从入门到实践的内容，其内容涵盖 OpenCV 基础知识、常见的图像操作、图像去噪、图像轮廓的提取与分析，以及人脸识别、目标追踪等计算机视觉的项目案例。作者在介绍具体的算法原理时，尽量使用通俗易懂的语言和贴近生活的示例来说明问题，避免使用过多复杂抽象的公式。

由于本书各章节相互独立，因此读者可以根据自己感兴趣的内容自主地选择学习章节。参与编写本书的教师都具有丰富的计算机视觉课程教学经验，力求通过通俗易懂的方式，使读者在一个个具体项目案例中，将 OpenCV 的知识融会贯通，轻松愉快地掌握相关内容。为了更好地支持学生与教师互动，本书提供了在线课程。读者通过访问"浙江省高等学校在线开放课程共享平台"，并搜索"计算机视觉技术应用（OpenCV）"课程，可以与教师在线交流。读者也可以在学习线上课程的过程中，认识更多计算机视觉的同学或朋友。读者可以通过扫描书中二维码学习在线课程中相关章节的视频资源，线上线下互动，提升读者的学习兴趣。

本书由金华职业技术学院的教师组织编写，由王伟斌、黄日辰担任主编，邱郑宜人、刘日仙、叶继阳担任副主编。具体分工如下，第 1 章由叶继阳编写，第 2 章、第 3 章和第 7 章由黄日辰编写，第 4 章和第 8 章由邱郑宜人编写，第 5 章和第 6 章由王伟斌编写，第 9 章由刘日仙编写。

在编写本书的过程中，我们除了得到金华职业技术学院的大力支持，还参考了 OpenCV 官网、CSDN、博客园等网站中计算机视觉相关技术人员分享的技术文档，受益匪浅，在此一并表示衷心的感谢。

为了方便教师教学，本书配有电子教学课件及相关资源，请有此需要的读者登录华信教育资源网（www.hxedu.com.cn），注册后免费下载，如有问题可在网站留言板中留言或与电子工业出版社联系。

由于作者水平有限，书中难免存在一些疏漏和不足之处，希望广大同行专家和读者批评、指正。

编者

2023 年 1 月

目　录

第1章

计算机视觉概述

学习目标

- 了解什么是计算机视觉。
- 能够区分计算机视觉和其他相关领域的不同。
- 了解计算机视觉的发展历史。
- 熟悉计算机视觉的应用领域。
- 熟悉计算机视觉的典型视觉任务。

1.1 项目介绍

计算机视觉是指用摄像机、计算机及其他相关设备,对生物视觉的一种模拟,其主要任务是让计算机理解图片或视频中的内容。由于其应用广泛且潜力巨大,使计算机视觉成为热门的学习领域。计算机视觉的目标是复制人类视觉的强大能力。但是,什么是计算机视觉?它在不同行业中的应用现状如何?计算机视觉有哪些商业应用?典型的计算机视觉任务是什么?这是本项目要讨论的内容。

1.2 计算机视觉理论知识

1.2.1 计算机视觉能解决什么问题

计算机视觉又被称为"机器视觉"。顾名思义，它是一门"教"会计算机如何去"看"世界的学科。在机器学习大热的前景之下，计算机视觉与自然语言处理、语音识别并列为机器学习的三大热点方向。计算机视觉能用计算机实现人的视觉功能——对客观世界的三维场景的感知、识别和理解。这就意味着计算机视觉技术的研究目标是使计算机具有通过二维图像认知三维环境信息的功能。因此不仅需要使用计算机感知三维环境中物体的几何信息（形状、位置、姿态、运动等），还要对它们进行描述、存储、识别与理解。可以认为，计算机视觉与研究人类或动物的视觉是不同的，它借助于几何、物理和学习技术来构筑模型，用统计的方法来处理数据。

以图 1-1 为例，在现实场景中，人类能检测到图像中有很多人、一个篮球场和篮球架。除了这些基本信息，人类还能够看出图像中有很多人在观看一场篮球比赛，其中一个人正在投篮，甚至还能判断哪些人正在观看比赛，哪些人没有关注投篮者的投篮动作。人类可以理性地判断此时篮球场的天气状况如何，另外还可以描述图中人物的穿着，不仅是衣服颜色，还有材质与纹理。

图 1-1 篮球比赛

简单来说，计算机视觉解决的主要问题是，给出一张二维图像，计算机视觉系统必须能识别图像中对象的特征，如形状、纹理、颜色、大小、空间排列等，从而尽可能完整地描述该图像。

1.2.2 计算机视觉与相关领域

计算机视觉完成的任务远超其他领域，如图像处理、机器视觉等。下面介绍一下这些领域之间的差异。

1. 图像处理

图像处理又被称为"影像处理"，是一门独立的学科，图像处理输入的是图像，输出的也是图像，是利用计算机对图像进行分析，以达到所需结果的技术。图像处理一般指数字图像处理。数字图像是指数码相机、摄像机、扫描仪等设备经过拍摄得到的一个大的二维数组，该数组的元素称为"像素"，其值称为"灰度值"。图像处理技术一般包括图像压缩，图像增强和复原，以及图像匹配、描述和识别 3 部分。计算机视觉利用图像处理技术进行图像预处理，但图像处理本身不能构成计算机视觉的核心内容。图像处理旨在处理原始图像以应用某种变换，其目标通常是修改图像或将其作为某项特定任务进行输入。例如，降噪、对比度或旋转操作这些典型的图像处理组件可以在像素层面执行，无须全面了解图像。

2. 机器视觉

机器视觉技术是一门涉及人工智能、神经生物学、心理物理学、计算机科学、图像处理、模式识别等诸多领域的交叉学科。机器视觉主要利用计算机来模拟人的视觉功能，从客观事物的图像中提取信息，进行处理并加以理解，最终用于实际检测、测量和控制。机器视觉技术最大的特点是速度快、信息量大、功能多。一个典型的工业机器视觉应用系统包括数字图像处理技术、机械工程技术、控制技术、光源照明技术、光学成像技术、传感器技术、模拟与数字视频技术、计算机软硬件技术、人机接口技术等。机器视觉是计算机视觉用于执行某些（生产线）动作的特例。在化工行业中，机器视觉系统可以检查生产线上的容器是否干净、空置、无损，或者检查成品是否恰当封装，从而帮助产品制造。

3. 计算机视觉

计算机视觉是人工智能领域的一个重要分支，是一门研究如何使机器"看"的学科，更进一步来说，就是指利用摄影机和计算机代替人眼对目标进行识别、跟踪和测量等，并进行图像处理，利用计算机处理得到更适合人眼观察或传送给仪器检测的图像。计算机视觉可以解决更复杂的问题，如人脸识别、详细的图像分析（可以帮助实现视觉搜索，如 Google Images）或生物识别方法。计算机视觉本身又包括了诸多不同的研究方向，比较基础和热门的几个研究方向有物体识别和检测（Object Detection）、语义分割（Semantic Segmentation）、运动和跟踪（Motion & Tracking）、三维重建（3D Reconstruction）、视觉问答（Visual Question& Answering）与动作识别（Action Recognition）等。

1.2.3 计算机视觉的发展历史

计算机视觉是深度学习领域最热门的研究学科，目前在各领域中的应用非常广泛，它的发展经历了多个阶段。下面介绍一下计算机视觉的发展历史。

1. 20 世纪 50 年代，主题是二维图像的分析和识别

1959 年，神经生理学家 David Hubel 和 Torsten Wiesel 通过对猫进行视觉实验（见图 1-2），首次发现了视觉初级皮层神经元对移动边缘的刺激敏感，也发现了视功能能柱结构，为视觉神经研究奠定了基础——推动了 40 年后计算机视觉技术的突破性发展，奠定了深度学习之后的核心准则。

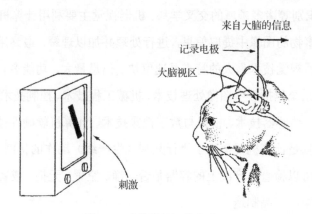

图 1-2　对猫进行视觉实验

1959 年，Russell 与同学共同研制了一台可以把图像转化为被二进制机器识别的灰度值的仪器——这是第一台数字图像扫描仪，使得处理数字图像成为可能。这一时期研究的主要内容有光学字符识别、工件表面、显微图像和航空图像的分析与解释等。

2. 20 世纪 60 年代，开创了三维视觉理解为目的的研究

1965 年，Larry Roberts 在《三维固体的机器感知》（见图 1-3）这篇论文中描述了通过二维图像推导三维信息的过程——现代计算机视觉的前导之一，开创了以理解三维场景为目的的计算机视觉研究。Larry Roberts 对积木世界的创造性研究给人们带来极大的启发，之后人们开始对积木世界进行深入研究，从边缘的检测、角点特征的提取，到线条、平面、曲线等几何要素分析，再到图像明暗、纹理、运动及成像几何等，建立了各种数据结构和推理规则。

 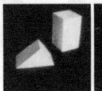 

Larry Roerts（拉里，罗茨）
1963年发表了第一篇计算机视觉论文

输入图像　　　2×2梯度算子　　　从新视角绘制
计算机三维模型

图 1-3　第一篇计算机视觉论文

1966，MITAI 实验室的 Seymour Papert 决定启动夏季视觉项目，并在几个月内解决机器视觉问题。Seymour Papert、Gerald Sussman 与学生决定设计一个可以自动执行背景/前景分割，并从真实世界的图像中提取非重叠物体的平台。虽然未成功，但是计算机视觉成为一个科学领域正式诞生的标志。

1969 年秋天，贝尔实验室的两位科学家 Willard S. Boyle 和 George E. Smith 共同研发了电荷耦合器件（CCD）。它是一种将光子转化为电脉冲的器件，并很快成为高质量数字图像采集任务的新宠，逐渐应用于数码相机的传感器中，标志着计算机视觉走上应用舞台，投入工业机器视觉中。

3. 20 世纪 70 年代，开设课程和明确理论体系

20 世纪 70 年代中期，麻省理工学院（MIT）人工智能（AI）实验室 CSAIL（见图 1-4）正式开设计算机视觉课程。1977 年，David Marr 在 MIT 的 AI 实验室提出了计算机视觉理论（Computational Vision），这是与 Larry Roerts 提出的积木世界分析方法截然不同的理论。计算机视觉理论成为 20 世纪 80 年代计算机视觉重要的理论框架，使计算机视觉有了明确的理论体系，促进了计算机视觉的发展。

图 1-4　麻省理工学院的人工智能实验室 CSAIL

4. 20 世纪 80 年代，独立学科形成，理论从实验室走向应用

1980 年，日本计算机科学家 Kunihiko Fukushima 在 Hubel 和 Wiesel 的研究启发下，设计了一个可以自动识别手写数字的人工神经网络 Neocognitron。手写数字可能不像自然图片（如人类或动物）那样复杂，但是要识别这些数字仍然极具挑战。由不同人手写的数字通常看起来会非常不同，甚至一个人重复写几次相同的数字也可能有很大的差异。Neocognitron 将交替的"简单细胞"和"复杂细胞"作为网络设计的基本结构，用于捕捉不同数字之间的特征差异及相同数字共享的不变特征。Neocognitron 可以说是第一个神经网络，是现代 CNN 网络中卷积层+池化层的最初范例及灵感来源。

1982 年，David Marr 发表了有影响的论文《愿景：对人类表现和视觉信息处理的计算研究》。基于 Hubel 和 Wiesel 的想法，视觉处理不是从整体对象开始的，David 介绍了一个视觉框架，其中检测边缘、曲线、角落等低级算法被用作对视觉数据进行高级理解的铺垫。同年，《VISION》（《视觉》）这本著作的问世（见图 1-5）标志着计算机视觉成为一门独立的学科。

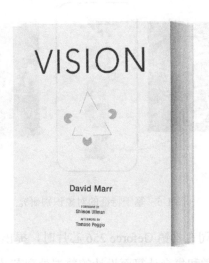

图 1-5　英文版《视觉》

1982 年，日本 COGEX 公司生产了视觉系统 DataMan，并成为世界第一套工业光学字符识别（OCR）系统。1989 年，法国的 Yann LeCun 将一种后向传播风格学习算法应用于 Fukushima 的卷积神经网络结构。在完成该项目几年后，Uann LeCun 发布了 LeNet-5，该神经网络可以用于手写数字识别，当输入 28 像素×28 像素的图片时，输出的 10 个神经元分别代表数字 0～9 中的一类。卷积层的神经元类似 Hubel-Wiesel 模型中的"简单细胞"，用于实现视觉过程的选择性，池化层中的神经元类似 Hubel-Wiesel 模型中的"复杂细胞"，用于实现视觉过程的不变性。简单细胞和复杂细胞交替的层级结构能够帮助神经网络提取关于视觉输入的高级特征。现在卷积神经网络已经是图像、语音和手写识别系统中的重要组成部分。

5. 20 世纪 90 年代，特征对象识别开始成为重点

1997 年，Jitendra Malik 与 Jianbo Shi 共同发表了一篇论文，试图解决感性分组的问题。他们试图让机器使用图论算法将图像分割成合理的部分（自动确定图像上

的哪些像素属于同类，并对物体与周围环境进行区分）。

1999 年，David Lowe 发表了论文《基于局部尺度不变特征（SIFT 特征）的物体识别》，标志着研究人员开始停止通过创建三维模型重建对象，而转向基于特征的对象识别，如图 1-6 所示。

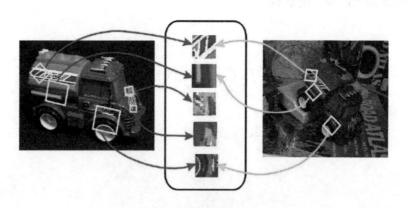

图 1-6　基于特征的对象识别研究

1999 年，Nvidia 公司在推销 Geforce 256 芯片时，提出了 GPU 的概念。GPU 是专门为了执行复杂的数学和集合计算而设计的数据处理芯片。随着 GPU 概念的发展，游戏行业、图形设计行业、视频行业的发展也逐渐加快，出现了越来越多的高画质游戏、高清晰图像和视频。

6．21 世纪初，图像特征工程出现，标志着真正拥有标注的高质量数据集

2001 年，Paul Viola 和 Michael Jones 推出了第一个实时工作的人脸检测框架。虽然不是基于深度学习，但算法仍然具有深刻的学习风格，因为在处理图像时，通过一些特征可以帮助定位面部。该功能依赖于 Viola Jones 算法。五年后，Fujitsu 发布了一款具有实时人脸检测功能的相机。

2005 年，由 Dalal 和 Triggs 提出的方向梯度直方图——HOG（Histogram of Oriented Gradients）被应用到行人检测上。它是目前计算机视觉、模式识别领域常用的一种描述图像局部纹理的特征方法。

2006 年，Lazebnik、Schmid 和 Ponce 提出一种利用空间金字塔即 SPM（Spatial Pyramid Matching）进行图像匹配、识别、分类的算法。该算法在不同分辨率上统计图像特征点分布，从而获取图像的局部信息。

2006 年，Pascal VOC 项目启动。它提供了用于对象分类的标准化数据集及用于访问所述数据集和注释的一组工具。创始人在 2006 年—2012 年举办了年度竞赛，该竞赛允许评估不同对象类识别方法的表现，检测效果不断提高。

2006 年左右，Geoffrey Hilton 与他的学生发明了用 GPU 来优化深度神经网络的工程方法，并在《科学》期刊上发表了论文，首次提出了"深度信念网络"的概念。Geoffrey Hilton 为多层神经网络相关的学习方法赋予了一个新名词——"深度学习"。随后深度学习的研究大放异彩，且广泛应用在图像处理和语音识别领域中。Geoffrey Hilton 的学生后来获得了 2012 年 ImageNet 大赛的冠军，并使 CNN 家喻户晓。

2009 年，Felzenszwalb 基于 HOG 提出了 DPM（Deformable Parts Model，可变形零件模型）。它是深度学习之前最好、最成功的 objectdetection & recognition 算法。最成功的应用就是行人检测，如图 1-7 所示。目前，DPM 已成为众多分类、分割、姿态估计等算法的核心部分。Felzenszwalb 也因此被 VOC 授予"终身成就奖"。

图 1-7　行人检测

7．2010 年至今，深度学习在视觉中的流行，在应用上百花齐放

2009 年，李飞飞在 CVPR 上发表了一篇名为《ImageNet: A Large-Scale Hierarchical Image Database》的论文，且发布了 ImageNet 数据集（见图 1-8），目的

在于检测计算机视觉能否识别自然万物，回归机器学习，克服过拟合问题。ImageNet数据集经过 3 年多的时间筹划组建完成。2010 年—2017 年，李飞飞基于 ImageNet数据集共参加了 7 届 ImageNet 大赛，他指出 ImageNet 改变了 AI 领域人们对数据集的认识，人们真正开始意识到它在研究中的地位，就像算法一样重要。ImageNet既是计算机视觉发展的重要推动者，又是深度学习热潮的关键推动者，将目标检测算法推向了新的高度。

图 1-8　ImageNet 数据集

2012 年，Alex Krizhevsky、Ilya Sutskever 和 Geoffrey Hinton 创造了一个 "大型的深度卷积神经网络"，也就是现在众所周知的 AlexNet。这是史上第一次有模型在ImageNet 数据集表现得如此出色。目前，《ImageNet Classification with Deep Convolutional Networks》这篇论文已被引用约 7000 次，被业内普遍视为行业最重要的论文之一，真正展示了卷积神经网络（CNN）的优点。机器识别的错误率从 25%左右，降低至百分之 16%左右。

2014 年，蒙特利尔大学提出了生成对抗网络（GAN），即拥有两个相互竞争的神经网络可以使机器学习得更快。一个网络尝试模仿真实数据并生成假的数据，而另一个网络则试图将假数据区分开来。随着时间的推移，两个网络都得到了训练。生成对抗网络（GAN）被认为是计算机视觉领域的重大突破。

2017 年—2018 年，深度学习框架的开发已经到了成熟期。PyTorch 和 TensorFlow已成为首选框架，它们都提供了针对多项任务（包括图像分类）的大量预训练模型。

近年来，国内外研究机构纷纷布局计算机视觉领域，并创建计算机视觉研究实验室。以计算机视觉新系统和技术赋能原有的业务，开拓战场。

2016 年，Facebook 的 AI Research（FAIR）在视觉方面声称 DeepFace 人脸识别算法具有 97.35%的识别准确率，几乎与人类不分上下。2017 年，Lin, Tsung-Yi 等提出了特征金字塔网络，可以从深层特征图中捕获到更强的语义信息。同时提出了 Mask R-CNN，用于图像的实例分割，它使用简单、基础的网络设计，不需要多么复杂的训练优化过程与参数设置，就能实现当前最佳的实例分割效果，并具有很高的运行效率。

2016，亚马逊收购了一支欧洲顶级计算机视觉团队，该团队主要研发 Prime Air 无人机的识别障碍和着陆区域功能。2017 年，亚马逊网络服务（AWS）宣布对其识别服务进行了一系列更新，为云客户提供了基于机器学习的计算机视觉功能。客户能够在数百万张面孔的集合上进行实时人脸搜索。例如，Rekognition 可用于验证一个人的图像是否与现有数据库中的另一幅图像相匹配。数据库中拥有高达数千万幅图像，具有亚秒级延迟。

2018 年，英伟达发布了视频到视频生成（Video-to-Video synthesis），它通过精心设计的发生器、鉴别器网络及时空对抗物镜，合成高分辨率、照片级真实、时间一致的视频，让 AI 更具物理意识，功能更强大，并能够推广到新的和看不见的更多场景。

2019 年研发成功的 BigGAN 同样是一个 GAN，只不过其功能更强大，是拥有了更聪明的课程学习技巧的 GAN，由它训练生成的图像很难分辨出真假。因此，BigGAN 被称为史上最强的图像生成器。

2020 年 5 月，Facebook 发布新购物 AI——通用计算机视觉系统 GrokNet，让"一切皆可购买"。

从 20 世纪中期开始，计算机视觉不断发展，研究经历了从二维图像到三维图像、视频、真实空间的探知，操作方法从三维构建转向特征识别，算法从浅层神经网络转向深度学习，数据的重要性逐渐被认知。随着计算机理论与应用的快速发展，高质量的各种视觉数据不断沉淀，相信无论是在农业领域、工业领域中，还是在视频直播、游戏、电商领域中，一定还会出现更多、更好玩的计算机视觉应用。

1.2.4 计算机视觉的发展趋势

计算机视觉技术发展快速，其应用也越来越广泛。目前，各行各业都在探索计算机视觉的应用。下面主要介绍计算机视觉技术在各个行业的应用趋势。

1．优化数据的质量

计算机视觉的飞速发展得益于深度学习技术的不断进步。深度学习领域的重要开拓者吴恩达博士开发了一些基于深度学习的图像识别模型，其最初目的是训练计算机识别猫的图片，这些模型尤其依赖它们被"喂食"的数据的质量（这里的"喂食"是指给模型提供的数据），而不仅是数量。使用自动抓取并标记数据的技术提升了标记数据的质量，可以使计算机视觉技术用更少的数据获得同样的结果，从而降低资金投入和计算资源等方面的成本，并开辟出更多新的潜在使用案例。

2．应用于健康和安全领域

计算机视觉的一个关键应用是发现危险并在出现问题时发出警报。科学家已经开发出了一些方法，让计算机能够检测建筑工地上的不安全行为（如没有佩戴安全帽等）及监控叉车等重型机械工作范围内的各种环境（如果有人误入工作范围，则它们会自动关闭）。美国劳工统计局的数据显示，每年约有 270 万人受工伤，越来越多企业加大了在该领域的投入，以减少因疏忽造成的人力和财务损失。

防止病毒的大范围传播也是一个重要的应用案例，计算机视觉技术正越来越多地被用于监控某人是否遵守社交距离规定及是否佩戴口罩等。在新冠疫情期间，科学家还开发出了计算机视觉算法，通过寻找感染证据和肺部图像受损情况来诊断患者的病情。

3．应用于零售业

2022 年，计算机视觉技术在购物和零售领域大力普及。此前，亚马逊开创了无收银员商店 Amazon Go。该商店配备了摄像头，可以简单识别顾客从货架上拿走的物品。目前已有更多分店开业，包括特易购在内的其他零售商也陆续加入其中，如特易购在英国伦敦开设了首家无收银员的超市。

除了能自动扫描商品，计算机视觉在零售业还有许多其他用途，如应用于库存管理领域，摄像头可检查货架上商品的摆放情况和仓库内的库存情况，并在必要时自动订购补货。它还用于监控和了解顾客在商店内的移动模式，以优化商品的摆放位置；也可以用于防止商品被盗。计算机视觉技术另一个流行的使用案例是让顾客用手机扫描条形码来获取商品信息。在时装零售业中，计算机视觉技术的一个特别有趣的应用是"虚拟试衣间"，顾客可以在不触摸衣服的情况下虚拟试穿，甚至可以识别顾客正在试穿的衣服，并提供搭配建议。

4．在自动驾驶汽车领域"大显身手"

计算机视觉已经应用于现有的智能网联汽车领域。智能网联汽车指搭载先进的车载传感器、控制器、执行器等装置，并融合现代通信与网络技术，实现车与人、路、后台等智能信息交换共享，从而达到安全、舒适、节能、高效行驶的目的，并最终可替代人来操作的新一代汽车。

科学家已经开发出一些视觉系统，可以使用摄像头跟踪驾驶员的面部表情，并在必要时发出警告信号，如驾驶员可能很疲劳，并有可能在开车时睡着等。调查显示，高达 25%的致命和严重的交通事故是由这一因素引起的，因此，视觉系统这样的技术可以更好地挽救生命。

这项技术已经在货运卡车等商用车辆上使用，未来，这项技术有望进入私家车领域。计算机视觉在汽车领域的其他用途包括监控乘客是否系好安全带，甚至下车时是否落下钥匙和电话等。

当然，计算机视觉也将在自动驾驶汽车领域发挥重要作用。例如，特斯拉公司宣布，汽车将主要依靠计算机视觉来识别汽车行驶周围的环境，而不是使用雷达来为汽车行驶周围的环境建模。

5．应用于边缘计算领域

边缘计算是指在数据源头的附近，采用开放平台，就近直接提供最近端的服务。边缘计算与云计算相反，云计算是指通过网络，把众多数据计算处理程序分解，通过服务器组成的系统对这些分解的小程序再进行处理与分析来得到结果。

在计算机视觉领域中，边缘计算技术的重要性与日俱增，因为计算机视觉系统经常需要快速做出决定（如在自动驾驶汽车等领域中），所以根本没有时间将数据发送到云。

随着边缘计算的计算速度不断提高，计算机视觉将在安全领域产生重大影响，鉴于企业和个人在捕获和使用视频数据的方式上面临更严格的审查和监管，这一点日益重要。在使用边缘设备时，如果配备了计算机视觉的安全摄像头，人们就可以动态分析数据，并在没有理由保留数据（如没有检测到可疑活动）的情况下丢弃数据。

1.3 典型的计算机视觉任务

计算机视觉能够高度复制人类视觉系统，这是如何做到的呢？计算机视觉基于大量不同任务，通过将它们组合在一起实现高度复杂的应用。计算机视觉中最常见的任务是图像识别和视频识别，涉及确定图像包含的不同对象。

1. 图像分类

计算机视觉中最著名的任务可能就是图像分类，它对给定图像进行分类。例如，我们想根据图像是否包含旅游景点对其进行分类。假设我们为此任务构建了一个分类器，并提供了一张埃菲尔铁塔的图像（见图1-9）。

图1-9　埃菲尔铁塔

该分类器认为上述图像属于包含旅游景点的图像类别。但这并不意味着分类器识别出了埃菲尔铁塔，它可能只是曾经见过这座塔的图像，并且当时被告知图像中包含旅游景点。

更强大的分类器可以处理更多的类别。例如，分类器将图像分类为旅游景点的特定类型，如埃菲尔铁塔、凯旋门、圣心大教堂等。那么在此类场景中，当输入的每个图像被分类时，就可能有多个答案，就像图 1-10 中的明信片一样。

图 1-10　巴黎旅游景点明信片

2. 定位

假设现在我们不仅想知道图像中出现的旅游景点的名称，还对其在图像中的位置感兴趣。定位的目标就是找出图像中单个对象的位置。例如，图 1-11 中埃菲尔铁塔的位置就被标记了出来。

图 1-11　被红色边界框标记出的埃菲尔铁塔

执行定位的标准方式是，在图像中定义一个将对象围住的边界框。

定位是一个很有用的任务。例如，它可以对大量图像进行自动对象剪裁。将定位与分类任务结合起来，就可以快速构建旅游景点（剪裁）图像数据集。

3．目标检测

想象一个同时包含定位和分类的动作，对一幅图像中的所有感兴趣对象重复执行该动作，这就是目标检测。在图 1-12 所示场景中，图像中的对象数量是未知的。因此，目标检测的目标是找出图像中的对象，并进行分类。

图 1-12　目标检测结果

在这个密集图像中可以看到，计算机视觉系统识别出了大量的人，甚至一些站在角落不宜识别的人。这个问题对人类来说都比较困难。图像中只显示出一部分对象，因为有一部分对象在图像外，或者彼此重叠。此外，相似对象的大小差别极大。目标检测的一个直接应用是计数，它被广泛应用于现实生活中，如计算收获水果的种类、计算公众集会或足球赛等活动的人数。

4．目标识别

虽然目标识别与目标检测使用类似的技术，但它们略有不同。例如，给出一个特定对象，目标识别的目的是在图像中找出该对象。这并不是分类，而是确定该对象是否出现在图像中，如果出现，则进行定位。搜索包含某公司 LOGO 的图像就是一个实例；另一个实例是监控安防摄像头拍摄的实时图像以识别某个人的面部，如图 1-13 所示。

图 1-13　识别人物的面部

5．实例分割

我们可以把实例分割看作目标检测的下一步。它不仅涉及从图像中找出对象，还需要为检测到的每个对象创建一个尽可能准确的掩码。

我们可以从图 1-14 中看到，实例分割算法为猫创建掩码。人工执行此类任务的成本很高，而利用实例分割技术可以让此类任务的实现变得简单。由于一些国家的法律禁止媒体在未经监护人明确同意的情况下暴露儿童形象。因此使用实例分割技术可以模糊电视或电影中的儿童面部。

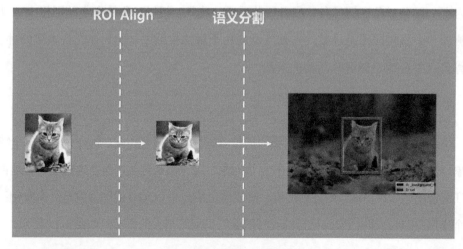

图 1-14　实例分割结果

6. 目标追踪

目标追踪旨在追踪随着时间不断移动的对象，它使用连续视频帧作为输入。该功能对于机器人来说是必要的，以守门员机器人举例，它们需要执行从追球到挡球等各种任务。目标追踪对于自动驾驶汽车而言同样重要（见图 1-15），它可以实现高级空间推理和路径规划。类似地，目标追踪在多人追踪系统中也很有用，包括用于理解用户行为的系统（如零售店的计算机视觉系统），以及在游戏中监控足球或篮球运动员的系统。

图 1-15　自动驾驶中的目标追踪

目标追踪的一种相对直接的方式是对视频序列中的每幅图像进行目标追踪并对比每个对象实例，以确定它们的移动轨迹。该方法的缺点是为每幅图像进行目标检测通常成本比较高。另一种替换方式是，首先，捕捉一次被追踪对象（通常是该对象出现的第一次）；然后，在不明确识别该对象的情况下在后续图像中辨别其移动轨迹；最后，目标追踪方法未必就能检测出对象，它可以在不知道追踪对象是什么的情况下，仅查看目标的移动轨迹。

应用场景 1：文字识别

人类认识和了解世界的信息中有 91%来自视觉，同样，计算机视觉是机器认知世界的基础，也是人工智能研究的热点。文字识别也是人工智能的重要研究方向。在日常生活中，文字是无处不在的。我们的衣、食、住、行都离不开它。文字并非自然产生的，而是人类特有的造物，是高层语义信息的载体。文字从整个文化的角度来讲也是非常重要的，人类的文明离不开文字，文字是我们学习知识、传播信息、记录思想很重要的载体。没有文字，人类的文明无从谈起。例如，王羲之的《兰亭序》不仅是文化作品，也是人类历史上璀璨的明珠之一；又如《诗经》，我们通过阅读《诗经》既可以学习它朗朗上口的文学特性，又可以了解中华民族 2000 年前的历史故事和先人的思想。

文字识别一般包括文字的信息采集、信息分析与处理、信息分类判别等几部分。
- 信息采集：将纸面上的文字转换为电信号，输入计算机中。信息采集由文字识别机中的送纸机构和光电变换装置来实现，如飞点扫描、摄像机、光敏元件和激光扫描等光电变换装置。
- 信息分析与处理：对变换后的电信号消除各种由于印刷质量、纸质（均匀性、污点等）或书写工具等因素造成的噪声和干扰，进行大小、偏转、浓淡、粗细等各种正规化处理。
- 信息分类判别：对去掉噪声后的文字信息进行分类判别，以输出识别结果。

对于文字识别，一般需要首先通过文字检测定位文字在图像中的区域，然后提取文字在图像区域中的序列特征，在此基础上进行专门的字符识别。随着文字识别技术的发展，也出现了很多端到端的 OCR。

文字识别常用的方法有模板匹配法和几何特征抽取法。
- 模板匹配法：对输入的文字与给定的各类标准文字（模板）进行相关匹配，计算输入文字与各模板之间的相似性程度，取相似度最大的类别作为识别结果。这种方法的优点是可以利用整个文字进行相似度计算，对文字的缺损、边缘噪声等具有较强的适应能力。这种方法的缺点是当被识别对象数量增加时，标准文字模板的数量也会随之增加，一方面会增加计算机的存储容量，另一方面会降低文字识别的正确率，所以这种方法适用于识别固定字形的印刷体文字。

- 几何特征抽取法：抽取文字的一些几何特征，如文字的端点、分叉点、凹凸部分，以及水平、垂直、倾斜等各方向的线段、闭合环路等，根据这些特征的位置和相互关系进行逻辑组合判断，获得识别结果。这种识别方法适用于手写体文字。

文字检测和文字识别的难点非常多。例如，有些图像的背景非常复杂，字体不同、字号不同、字体多种朝向、颜色多种多样、语言不统一、模板不固定等，这些都是日常生活中经常见到的。图像本身和成像也会存在问题，如分辨率、曝光、反光、局部遮挡、干扰等都会给文字检测和文字识别带来很大的挑战。

文字识别可应用于许多领域，如文献资料的检索、信件和包裹的分拣、稿件的编辑和校对、大量统计报表和卡片的汇总与分析、银行支票的处理、商品发票的统计汇总、商品编码的识别、商品仓库的管理、各类证件的识别等，方便用户快速录入信息，提高各行各业人员的工作效率。

我国的文字识别技术经历了从实验室技术到产品的转变，已经进入行业应用开发的成熟阶段。与其他国家文字识别技术的广泛应用情况相比，OCR 文字识别技术在我国各行各业的应用空间非常广阔。随着国家信息化建设进入内容建设阶段，为 OCR 文字识别技术开创了一个全新的行业应用局面。

第 2 章

环境搭建

学习目标

- 了解 PyCharm。
- 了解 Anaconda。
- 掌握在 Anaconda 中安装 Python 包。
- 掌握在 Anaconda 中创建环境。
- 掌握在 Windows 下安装 Anaconda。
- 掌握在 Windows 下安装 PyCharm。

2.1 项目介绍

近年来，计算机视觉技术迅速发展，对人类的工作和生活产生了非常重要的影响。由于它的应用已经从最初的图像处理发展到各个领域，特别是随着现代硬件技术的发展，使得计算机视觉技术已经成为一种不可或缺的技术。所以掌握计算机视觉技术的开发是一项必不可少的技能。本项目主要介绍如何搭建计算机视觉技术的开发环境，也是学习后续几个项目的基础。

2.2　环境搭建的理论知识

1．计算机视觉基础

计算机视觉是人工智能领域的一个重要分支，是一门研究如何使机器"看"的学科。换句话说，计算机视觉是指利用摄影机和计算机代替人眼对目标进行识别、跟踪和测量等，并使用计算机处理图像，使其更适合人眼观察，以及传送给仪器检测。

微课：课程概述与计算机视觉

深度学习最早是在计算机视觉领域中实现突破的，并首先应用在计算机视觉三类任务的图像分类任务中。2012 年，深度学习模型 AlexNet 赢得了 ImageNet 图像分类任务竞赛的冠军，从此，深度学习技术开始受到了各界的广泛关注。在之后几年的 ImageNet 图像分类任务竞赛中，应用深度学习技术后的竞赛错误率（见图 2-1）越来越低，这进一步证明了深度学习技术的有效性。2011 年—2012 年，ImageNet 图像分类任务竞赛的冠军使用的是传统算法，前 5 名中的最低竞赛错误率高达 25.8%。2012 年，随着深度学习技术的引入，ImageNet 图像分类任务竞赛错误率降到了 16.4%。随着深度学习技术的发展，学者提出了各种各样的深度学习模型，ImageNet 图像分类任务的竞赛错误率也从 16.4% 降到了 3.57%，该错误率已经远远低于人类手动计算的 5.1% 的错误率。

深度学习技术在图像分类任务中的成功应用，使研究者开始将深度学习技术引入计算机视觉中的目标检测任务中。目标检测也被称为"物体检测"，该任务需要识别图像中存在的物体，并给出这些物体在图像中的位置。相较于图像分类给出的物体类别，目标检测任务不仅需要给出图像中各个物体的类别信息，还需要给出各个物体对应的坐标信息。可以说，目标检测任务比图像分类任务更难、更复杂。目标检测结果如图 2-2 所示。

传统的目标检测算法框架一般分为 3 个阶段：候选区域生成、特征提取、分类器分类。其中，特征提取是非常重要的阶段，其好坏会直接影响最终检测结果的准确性。早期，研究者只能针对某种特定的任务进行人工设计。对不同的目标或同一目标的不同形态，需要设计不同的特征提取算法。由于在使用人工设计特征提取算法时无法考虑到所有目标及目标的所有形态，因此人工设计特征提取算法的鲁棒性较差。

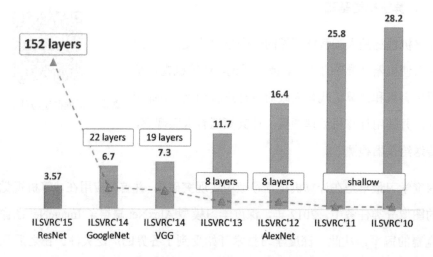

图 2-1　历年 ImageNet 图像分类任务的竞赛错误率

图 2-2　目标检测结果

随着深度学习技术的发展，我们发现通过深度学习模型生成特征鲁棒性要远远优于人工设计特征鲁棒性。从 2014 年到 2020 年，各类基于深度学习技术的目标检测算法框架不断被提出，如一阶段目标检测算法、二阶段目标检测算法等。随着目标检测

算法的不断发展，各个检测框架在目标检测数据集 VOC 或 COCO 上的检测平均精度
也在大幅度提升。

2．OpenCV 简介

OpenCV 是一个基于 Apache 2.0 许可（开源）发行的、跨平台的计算机视觉和机器学习软件库，可以在 Linux、Windows、Android 或 macOS 操作系统上运行。

微课：OpenCV 与数字图像

OpenCV 是利用 C++语言编写的，提供了 C++/C#、Python、Java、Ruby、Go 和 MATLAB 等语言的接口，主要倾向于实时视觉应用。

OpenCV 拥有 500 多个 C 语言函数的跨平台的中、高层 API。尽管也可以使用某些外部库，但 OpenCV 不依赖于其他的外部库。

3．Anaconda 简介

Anaconda 是一个基于 Python 的环境管理工具。通过 Anaconda，开发者能够更容易地处理不同项目中对软件库，甚至是 Python 版本的不同需求。

Anaconda 包含 Conda、Python 和超过 150 个科学相关的软件库及其依赖。其中，Conda 是一个包管理工具。

4．PyCharm 简介

PyCharm 是一种 Python IDE，提供了一整套使用 Python 编程时提高开发效率的工具，如调试、语法高亮显示、Project 管理、代码跳转、智能提示、自动完成、单元测试、版本控制等。由于 PyCharm 提供了丰富的功能，才使它成为目前深度学习中非常受欢迎的开发编译器之一。

PyCharm 支持 Windows、macOS 和 Linux 三种操作系统，并且每种操作系统都提供了专业版和社区版。社区版是免费使用的，且功能全面，适用于刚入门的读者。

2.3 环境搭建

2.3.1 安装 Anaconda

用户可以通过官方网站（https://www.anaconda.com/）下载
Anaconda，也可以通过清华大学开源软件镜像站（https://mirrors.
tuna. tsinghua. edu.cn/anaconda/archive/）下载 Anaconda。一般，
国内用户通过清华大学的镜像站下载 Anaconda 的速度会比从
官方网站下载 Anaconda 的速度快很多，所以推荐用户通过后
者方式下载 Anaconda。

微课：Anaconda_install

打开清华大学开源软件镜像站，选择 Anaconda3-5.3.1-Windows-x86_64.exe 版本，
如图 2-3 所示。

Anaconda3-5.3.0-Linux-x86_64.sh	636.9 MiB	2018-09-28 06:43
Anaconda3-5.3.0-MacOSX-x86_64.pkg	633.9 MiB	2018-09-28 06:43
Anaconda3-5.3.0-MacOSX-x86_64.sh	543.6 MiB	2018-09-28 06:44
Anaconda3-5.3.0-Windows-x86.exe	508.7 MiB	2018-09-28 06:46
Anaconda3-5.3.0-Windows-x86_64.exe	631.4 MiB	2018-09-28 06:46
Anaconda3-5.3.1-Linux-x86.sh	527.3 MiB	2018-11-20 04:00
Anaconda3-5.3.1-Linux-x86_64.sh	637.0 MiB	2018-11-20 04:00
Anaconda3-5.3.1-MacOSX-x86_64.pkg	634.0 MiB	2018-11-20 04:00
Anaconda3-5.3.1-MacOSX-x86_64.sh	543.7 MiB	2018-11-20 04:01
Anaconda3-5.3.1-Windows-x86.exe	509.5 MiB	2018-11-20 04:04
Anaconda3-5.3.1-Windows-x86_64.exe	632.5 MiB	2018-11-20 04:04

图 2-3 选择 Anaconda 下载版本

下载 Anaconda 之后，双击安装文件，打开 Anaconda 安装对话框，单击 Next 按
钮，如图 2-4 所示。

打开认证许可（License Agreement）对话框，单击 I Agree 按钮，如图 2-5 所示。

打开安装类型（Select Installation Type）对话框，选中 Just Me（recommended）
单选按钮，单击 Next 按钮，如图 2-6 所示。

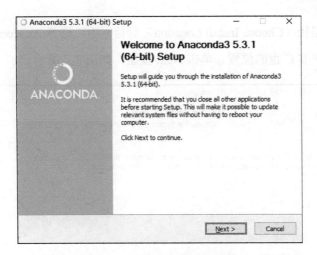

图 2-4　Anaconda 安装对话框

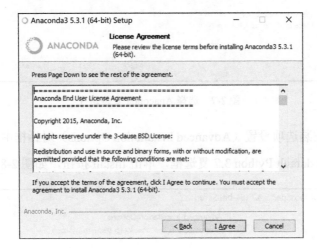

图 2-5　认证许可对话框

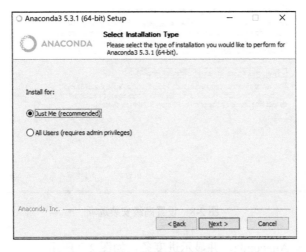

图 2-6　设置安装类型

打开安装路径（Choose Install Location）对话框中，选择 Anaconda 的安装路径，推荐用户安装在非 C 盘的位置。单击 Next 按钮，如图 2-7 所示。

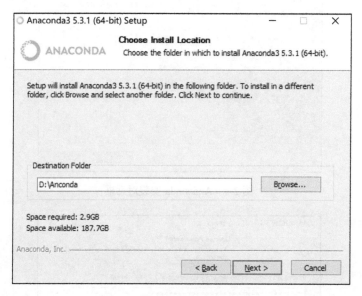

图 2-7　选择 Anaconda 安装路径

打开高级安装选项设置（Advanced Installation Options）对话框中，勾选 Register Anaconda as my default Python 3.7 复选框，单击 Install 按钮，如图 2-8 所示。

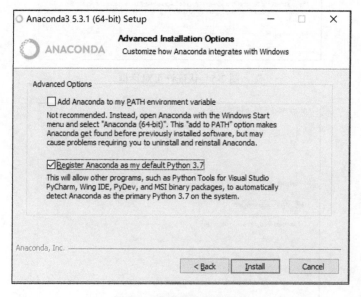

图 2-8　设置高级安装选项

系统开始安装 Anaconda，并显示进度条，如图 2-9 所示。

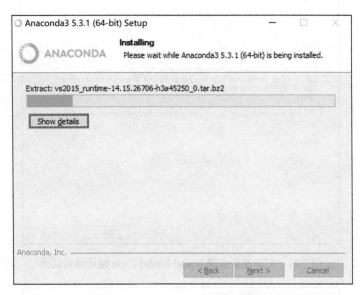

图 2-9　显示 Anaconda 安装进度条

等待一段时间后，完成 Anaconda 安装，单击 Next 按钮，如图 2-10 所示。

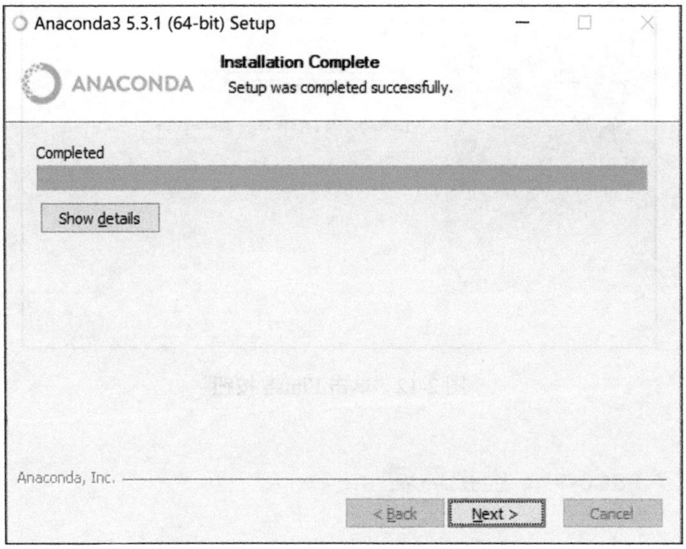

图 2-10　完成 Anaconda 安装

打开是否安装 Visual Studio Code 编译器对话框，单击 Skip 按钮，跳过该编译器的安装，如图 2-11 所示。

单击 Finish 按钮，完成所有安装操作，如图 2-12 所示。

图 2-11　打开是否安装 Visual Studio Code 编译器对话框

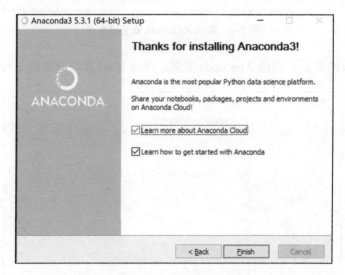

图 2-12　单击 Finish 按钮

2.3.2　创建 Anaconda 虚拟环境

微课：Anaconda_configure1　微课：Anaconda_configure2

当 Anaconda 安装完成后，需要创建一个虚拟环境，用于管理深度学习开发相关的包。打开 Windows 的"运行"对话框，并在文本框中输入 Anaconda Prompt，按 Enter 键，打开 Anaconda Prompt 对话框，如图 2-13 所示。

图 2-13　打开 Anaconda Prompt 对话框

在 Anaconda Prompt 对话框中创建一个名为 cv 的虚拟环境，输入命令 conda create-n cv python=3.7。如果用户想要选择其他版本的 Python，则可以将 3.7 修改为其他版本号，如图 2-14 所示。

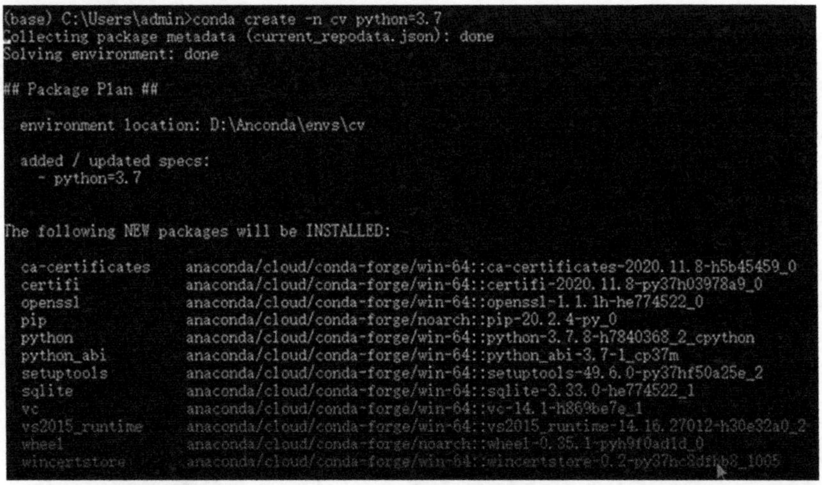

图 2-14　创建 cv 虚拟环境

需要注意的是，由于 Anaconda 服务器在国外，因此创建虚拟环境的速度较慢。

如果不能成功创建虚拟环境，则可以尝试更换 Anaconda 的下载地址，建议选择清华大学开源软件镜像站下载 Anaconda。

等待一段时间后，cv 虚拟环境创建成功。在每次使用 cv 虚拟环境之前，需要在 Anaconda Prompt 对话框中输入命令 conda activate cv，激活虚拟环境，如图 2-15 所示。

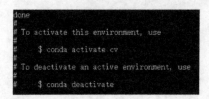

图 2-15　激活 cv 虚拟环境

输入命令后，进入 cv 虚拟环境，界面如图 2-16 所示。

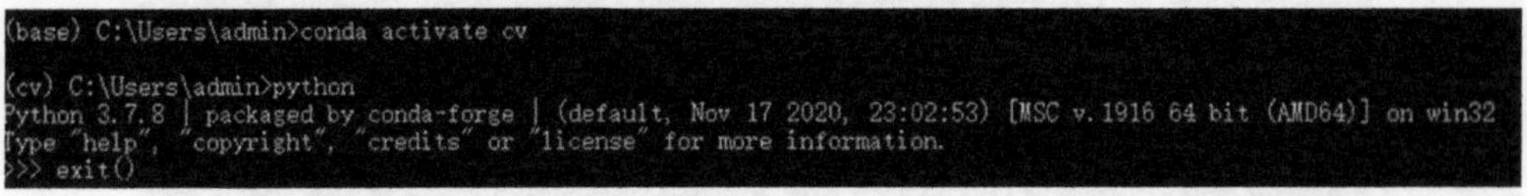

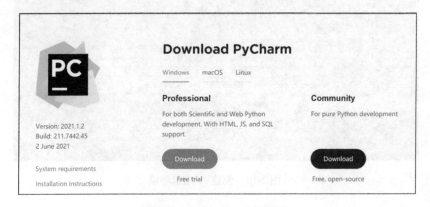

图 2-16　cv 虚拟环境

在 cv 虚拟环境中，输入安装 OpenCV-Python 版本的下载安装指令 pip install opencv-python，并按 Enter 键完成安装。

2.3.3　下载 PyCharm

PyCharm 的下载地址为 https://www.jetbrains.com/pycharm/download/#section=windows，下载界面如图 2-17 所示。

图 2-17　PyCharm 下载界面

2.3.4　安装 PyCharm

下载完 PyCharm 后，双击安装文件即可开始安装 PyCharm。打开欢迎安装 PyCharm 对话框，单击 Next 按钮，如图 2-18 所示。

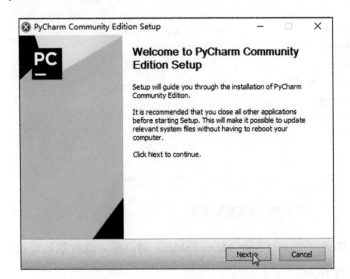

微课：pycharm_install

图 2-18　打开欢迎安装 PyCharm 对话框

打开安装路径（Choose Install Location）对话框，选择安装路径，如图 2-19 所示，建议安装在非 C 盘的位置，单击 Next 按钮。

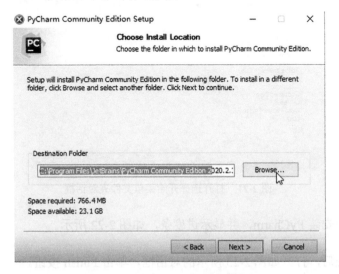

图 2-19　选择 PyCharm 的安装路径

打开安装选项（Installation Options）对话框，可根据自己计算机的配置情况进行设置，单击 Next 按钮，如图 2-20 所示。

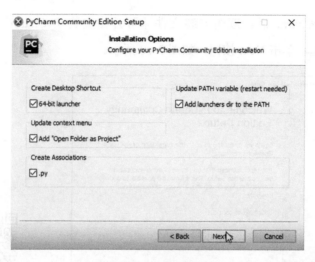

图 2-20　设置安装选项

打开选择开始菜单文件夹（Choose Start Menu Folder）对话框，保持默认设置，单击 Install 按钮，如图 2-21 所示。

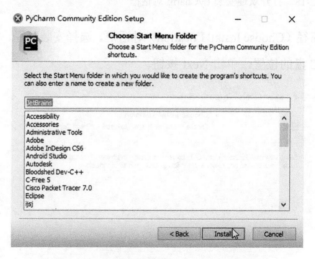

图 2-21　打开选择开始菜单文件夹对话框

系统开始安装 PyCharm，并显示进度条，如图 2-22 所示。

完成安装后，打开如图 2-23 所示的对话框，单击 Finish 按钮。

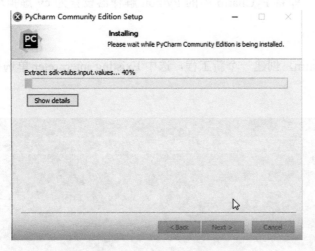

图 2-22　显示 PyCharm 安装进度条

图 2-23　PyCharm 安装完成对话框

2.3.5　使用 PyCharm 加载 Anaconda 虚拟环境

微课：pycharm_debug　微课：pycharm_with_anaconda_cv

在使用 PyCharm 深度学习项目开发之前，需要将前面创建的 cv 虚拟环境加载

到 PyCharm 中，即将 PyCharm 中的 Python 解释器设置为 cv 虚拟环境中的 Python
解释器。

打开 PyCharm，创建一个新工程，选中 Existing interpreter 单选按钮，如图 2-24
所示。

图 2-24　选中 Existing interpreter 单选按钮

单击▇按钮，如图 2-25 所示，打开选择解释器对话框。

图 2-25　单击▇按钮

选择 Conda Environment 选项，如图 2-26 所示。

图 2-26　选择 Conda Environment 选项

单击█按钮，如图 2-27 所示，打开选择 Python 解释器对话框。

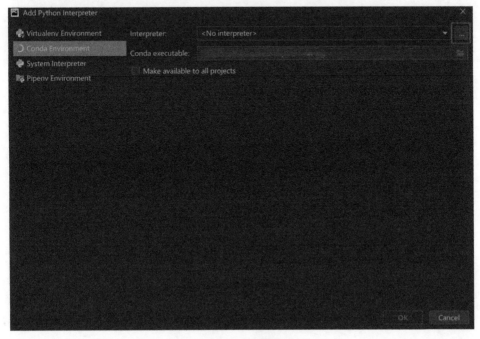

图 2-27　单击█按钮

計算機視覚応用実战（OpenCV）（微课版）

用户可以根据 Anaconda 的安装路径，定位到 Anaconda 文件夹，并在该文件夹下找到 envs 文件夹。在 envs 文件夹下保存着一个名为 cv 的文件夹，双击该文件夹，找到该文件夹下的 python.exe 文件，选中该文件，单击 OK 按钮完成 Python 解释器的选择，如图 2-28 所示。

图 2-28　选中 Python.exe 文件

选择完 Python 解释器之后，返回 Conda 环境对话框，单击 OK 按钮如图 2-29 所示。

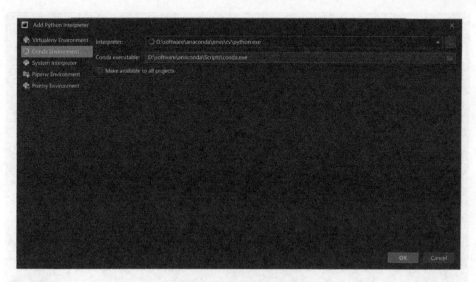

图 2-29　单击 OK 按钮

最终在 Interpreter 列表框中显示已经成功导入的 cv 虚拟环境的 Python 解释器，如图 2-30 所示。

图 2-30 显示成功导入 Python 解释器

应用场景 2：安防领域

安防是计算机视觉的主要应用场景。计算机视觉与安防的结合具有多种优势。首先，安防影像处理技术已经较为完备，且经过多年发展，智慧安防已经形成显著的产业价值，如平安城市、雪亮工程等项目为安防计算机视觉提供了广阔的市场。随着技术的不断成熟，安防计算机视觉的应用范围还将进一步拓展。

提及安防计算机视觉，商汤、旷视、依图、云从是四家占据主要地位的公司，BAT公司也在加紧布局。这些公司在初入安防市场时，多以公安场景的人脸识别—动态布控应用作为切入，但是从实验室到实践场景之间的技术还有巨大的鸿沟。

从公安部门的需求来看，其主要诉求为两点，一是降低违法行为的发生频率，二是减轻公安部门员工的工作强度。以计算机视觉中的人脸识别为例，人脸识别现阶段识别准确率已经超过人眼，然而再高的准确率在庞大的基数下还是会产生错误。此外，目前已经出现的各种规避人脸识别的手段为人脸识别的深度渗透造成了阻碍。

如何在享受技术带来便利的同时兼顾人脸识别的准确率呢？我们可以将多种计算机视觉技术结合起来、保证足够的准确率。任何数据集都有其局限性，而多种技术结合，一方面可以丰富场景数据，使识别更为精准；另一方面也可以更适合复杂场景的应用变化。这就在很大程度上将公安部门从以往的"人海战术"中解脱出来，提升社会安全防范水平。因此在未来，能够提供综合解决方案、具有核心平台化能力的企业才不会被淘汰。

提到安防，就不得不提中国的"天网监控系统"，它是典型的安防领域应用。

"天网监控系统"是利用设置在大街小巷的大量摄像头组成的监控网络，是公安部门打击街头犯罪的一项法宝，也是城市治安的坚强后盾。真可谓是"天网恢恢，疏而不漏"。全国各大城市基本上都在运行此系统。"天网监控系统"是目前世界上规模较大的视频监控网络，更是"科技强警"的标志性工程。

"天网监控系统"满足了城市治安防控和城市管理的需要，并由 GIS 地图、图像采集、传输、控制、显示等设备和控制软件组成，对固定区域进行实时监控和信息记录；还通过在交通要道、治安卡口、公共聚集场所、宾馆、学校、医院与治安复杂场所安装视频监控设备，先利用视频专网、互联网、移动互联网等网络通网闸，把一定区域内所有视频监控点的图像传播到监控中心（"天网监控系统"管理平台），对刑事案件、治安案件、交通违章、城管违章等图像信息进行分类，再利用人工智能、语音和图像识别领域的深度学习算法，实现快速人脸识别等功能，为强化城市综合管理、预防打击犯罪和突发性治安灾害事故提供可靠的影像资料。公安部门通过监控平台可以对城市各街道辖区的主要道路、重点单位、热点部位进行 24 小时监控，有效地消除了治安隐患，能够提高发现、抓捕街头现行犯罪的水平。

第 3 章

简易调色画布

学习目标

- 了解像素的概念。

- 了解 RGB 颜色模型。

- 掌握 OpenCV 中回调函数的定义。

- 掌握 OpenCV 中的 BGR 排列模式。

- 掌握 OpenCV 中实现调色画布的原理。

- 掌握 OpenCV 中滑块操作的相关函数的使用方法。

3.1　项目介绍

我们在很多软件中都可以看到画布。例如，在 Word 中，画布实际上是一块特殊区域，相当于一个"图形容器"。用户可以在画布中绘制多个图形。由于图形包含在画布内，因此画布中所有图形对象就有了一个绝对的位置，这样它们就可以作为一个整体进行移动和调整大小。本项目主要介绍如何在 OpenCV 中实现一个可以让用户自定义调整颜色的画布。

3.2　调色画布理论基础

3.2.1　像素

像素是数字图像的最小单位，由图像的小方格组成，而这些小方格都有一个明确的坐标和对应的色彩值，小方格的颜色和位置决定该图像呈现出来的样子。图 3-1 所示为通过 OpenCV 绘制的 LOGO，将 OpenCV 中的字母 O 区域放大显示，放大后的字母 O 由一个一个小方格组成，每个小方格就是一个像素点，如图 3-2 所示。

图 3-1　绘制 LOGO

图 3-2　将字母 O 区域放大显示

3.2.2　像素坐标系

每个像素在图像中的位置都是固定的，如果用户想要访问图像中某个像素，就需要使用一个工具来定位像素的位置，这个工具被称为"像素坐标系"，以图像左上角为原点，且以像素为单位建立直角坐标系，像素的横坐标 x（水平方向）与纵坐标 y（垂直方向）分别表示图像中的列数与行数。

通过"画图"软件打开 LOGO 图片，如图 3-3 所示。这幅图片的分辨率为 219 像素×289 像素，其中水平方向有 219 个像素，垂直方向有 289 个像素。

根据水平方向和垂直方向的像素，我们可以绘制如图 3-4 所示的像素坐标系。需要注意的是，因为坐标值是从 0 开始的，所以水平方向和垂直方向的坐标取值范围都为该方向像素的个数减 1。在 OpenCV 中，由于图像中一个像素的坐标表示为 (y,x)，所以 LOGO 右下角的坐标为（288,218）。在后续的章节中，经常会涉及访问某个像素值，因此用户一定要理解 OpenCV 中的像素坐标系的表示方法。

图 3-3　通过"画图"软件打开 LOGO 图片

图 3-4　LOGO 图片的像素坐标

3.2.3　RGB 颜色模型

　　RGB 颜色模型是常用的一种彩色信息表达模型，并通过红、绿、蓝三原色的亮度来定量表示颜色。该模型又被称为"加色混色模型"，是一种以 RGB 三色光互相叠加来实现混色的方法。

　　在数字图像处理领域中，RGB 是非常重要和常见的颜色模型，并建立在笛卡儿坐标系中，以红、绿、蓝三种基本色为基础，进行不同程度的叠加，产生丰富而广泛的颜色。

打开"画图"软件，在"主页"选项卡中单击"编辑颜色"按钮，打开"编辑颜色"对话框，如图 3-5 所示。

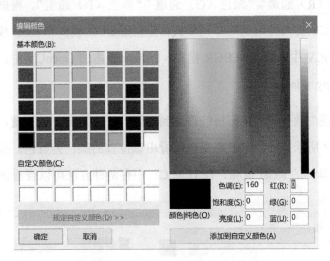

图 3-5　打开"编辑颜色"对话框

用户可以在"编辑颜色"对话框右下角设置红色、绿色、蓝色 3 个颜色的值。如果将"红""绿""蓝" 3 个文本框中的值都设置为 0，则得到的颜色为黑色（见图 3-5）。如果将这 3 个文本框的值都设置为 120，则得到的颜色为灰色，如图 3-6 所示。

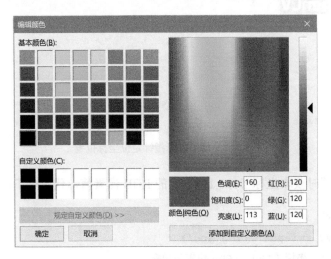

图 3-6　灰色的 RGB 值

如果用户对其他颜色的 RGB 值感兴趣，则可以自行查阅资料。

3.2.4　BGR 排列模式

在 OpenCV 中，使用了 3 个二维数组分别表示红色、绿色和蓝色。这 3 个数组又被称为"红色（R）通道""绿色（G）通道""蓝色（B）通道"。根据通道排列顺序的不同，OpenCV 有两种常见的排列模式，分别是 BGR 模式和 RGB 模式。需要注意的是，在 OpenCV 中，默认为 BGR 模式。Python 版本的 OpenCV 中，表示图像数组的类型为 numpy. ndarray。

打开"画图"软件，将鼠标指针移动到坐标为（190,168）的位置，即图中红色圆圈处，如图 3-7 所示。通过肉眼观察可以看出该位置的颜色为蓝色。那么我们应该如何查看该位置具体的 RGB 值呢？在 OpenCV 中有两种方法可以查看该值。

图 3-7　使用鼠标指针定位坐标位置

方法 1：同时获取坐标（190,168）上的 RGB 像素值，代码如下：

```
import cv2
logo = cv2.imread('./img.jpg')
# 输出 LOGO 中坐标（190，168）位置的像素
print(logo[190,168])
```

运行上述代码，结果如下。

```
[255 142  18]
```

需要注意的是，OpenCV 返回的是一个长度为 3 的列表，其中第一个元素为 B 通道的像素值，第二个元素与第三个元素分别是 G 通道和 R 通道的像素值。

方法 2：分别获取坐标（190,168）上像素的 B 通道、G 通道、R 通道的值，代码如下：

```
import cv2
logo = cv2.imread('./img.jpg')
blue  =  logo[190, 168, 0]
green =  logo[190, 168, 1]
red   =  logo[190, 168, 2]
print(blue, green, red)
```

运行上述代码，结果如下。

```
255 142 18
```

代码解读：logo[190, 168, 0]中的 0 表示的是第一个通道，即 B 通道。

3.2.5　滑动条

滑动条是 GUI 编程中常用的控件，允许用户在设定的范围内通过线性滑动滑块来选择特定的值。如果想要在 OpenCV 中创建一个滑动条，则需要使用 OpenCV 提供的 cv2.createTrackbar()函数，其语法格式为：

微课：画板

```
cv2.createTrackbar (
        trackbarname,
        winname,
        value,
        count,
        onChange,
        userdata )
```

其中，

- trackbarname：设置滑动条名称。
- winname：设置滑动条父窗口的名称。
- value：一个整数变量，其值反映了滑块的位置。在创建滑动条时，滑块位置由该变量来设定。
- count：滑块的最大值。滑块的最小值始终为 0。
- onChange：回调函数。每次用户滑动滑块时都会调用该函数。

如果想要在程序运行的过程中获取当前滑块所在的位置，则需要使用 OpenCV 提供的 cv2.getTrackbarPos()函数，其语法格式为：

```
cv2.getTrackbarPos(
        trackbarname,
        winname)
```

其中，

- trackbarname：待获取滑动值的滑动条的名称。
- winname：待获取滑动值的滑动条父窗口的名称。

创建一个滑动条，代码如下：

```
import cv2
def callback(pos):
    print(pos)
    print("当前用户滑动了滑动条")
cv2.namedWindow("win")
bar = cv2.createTrackbar("example" , "win", 0, 20, callback)
cv2.waitKey()
```

在使用 createTrackbar()函数时，需要注意如下几点。

- 回调函数必须要有一个形参（pos）。该形参的实参值为当前滑块所在的位置。
- 在创建滑动条之前需要先创建一个窗口。
- 最后一个参数只需要传递函数名即可。

运行上述代码，其结果如图 3-8 所示。

图 3-8　运行结果

将滑块滑动到 example 数值为 3 的位置，如图 3-9 所示。

图 3-9　滑动滑块

此时控制台输出如下信息。

```
1
当前用户滑动了滑动条
2
当前用户滑动了滑动条
3
当前用户滑动了滑动条
```

3.2.6　简易调色画布原理

在 OpenCV 中实现一个画布，创建一个指定大小的三维数组，并通过 imshow()函数显示，其代码如下：

```
import cv2
import numpy as np
canvas = np.zeros((500, 500, 3), np.uint8)
cv2.imshow("canvas", canvas)
cv2.waitKey()
```

运行上述代码，结果如图 3-10 所示。

通过上述代码可以看到，在创建三维数组时采用的是 np.zeros()函数，意味着每个像素的 RGB 值都为 0，即运行结果是一张黑色的画布。在接下来的项目实现中，对这段代码进行扩展，用户编写一个可以自定义调整画布颜色的代码。

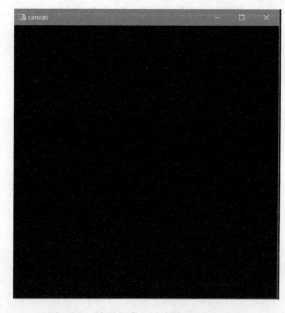

图 3-10　简易调色画布的代码运行结果

3.3　项目实现

3.3.1　代码框架

用户编写一个可以自定义调整画布颜色的代码，其框架主要由如下几个模块组成。

微课：画布

- 滑动条初始化模块。
- 界面交互模块，用于设置参数。
- 画布背景颜色调整模块。
- 画布显示模块。

自定义调整画布颜色的代码框架的模块如图 3-11 所示。

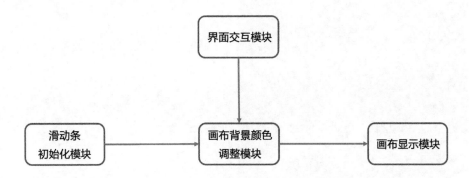

图 3-11　自定义调整画布颜色的代码框架的模块

自定义调整画布颜色的运行结果如图 3-12 所示。

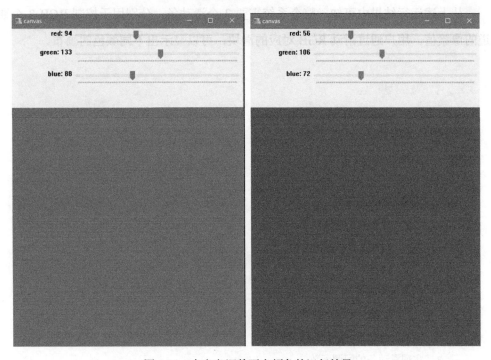

图 3-12　自定义调整画布颜色的运行结果

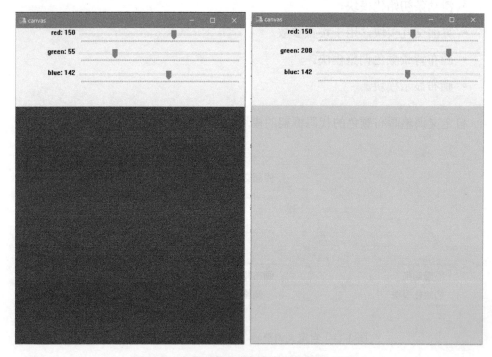

图 3-12   自定调整画布颜色的运行结果（续）

从上述运行结果中可知，整个系统需要 3 个滑动条，分别用于控制 RGB 3 个通道的像素值。用户通过滑动 RGB 对应的滑块，可以显示出不同颜色的画布。

3.3.2   代码实现

```
import cv2
import numpy as np
'''
    1.定义初始化变量
        1）.画布颜色调整变量
        2）.滑动组件参数变量
        3）.画布
    2.初始化滑动条
        1）.创建一个函数窗口
        2）.创建各个参数的滑动条
    3.实现滑动条的回调函数
        1）.从滑动条中获取当前各个参数的对应值
```

　　　　2）．调整画布颜色

```
'''
class Canvas:
    def __init__(self):
        self._win = 'canvas'
        self._bar_value_red = 0
        self._bar_value_green = 0
        self._bar_value_blue = 0
        self._bar_name_red = 'red'
        self._bar_name_green = 'green'
        self._bar_name_blue = 'blue'
        self._canvas = np.zeros((500, 500, 3), np.uint8)
    def _setBarConfig(self):
        '''
            滑动条初始化模块
        '''
        cv2.namedWindow(self._win)
        cv2.createTrackbar(self._bar_name_red, self._win, 0, 255,
self._callback)
        cv2.createTrackbar(self._bar_name_green, self._win, 0, 255,
self._callback)
        cv2.createTrackbar(self._bar_name_blue, self._win, 0, 255,
self._callback)
    def _changeColor(self):
        '''
            画布背景颜色调整模块
        '''
        self._canvas[:] = (self._bar_value_blue,
self._bar_value_green, self._bar_value_red)


    def _callback(self, input):
        '''
            界面交互模块
        '''
        self._bar_value_red = cv2.getTrackbarPos(self._bar_name_red,
```

```
self._win)
        self._bar_value_green =
cv2.getTrackbarPos(self._bar_name_green, self._win)
        self._bar_value_blue =
cv2.getTrackbarPos(self._bar_name_blue, self._win)
        self._changeColor()


    def run(self):
        '''
            画布显示模块
        '''
        self._setBarConfig()
        while True:
            cv2.imshow(self._win, self._canvas)
            if cv2.waitKey(1) == ord('q'):
                break
```

应用场景 3：农业领域

计算机视觉技术在农业领域中的应用主要体现在，可以用于农作物的选种、作物生长态势监测、病虫害监测、杂草识别、农作物采收等方面。另外，计算机视觉技术在畜牧业上可用于牲畜行为识别和牲畜体尺测量。

我们利用计算机视觉技术进行选种可以有效提升种子的鉴定速度，通过不断地收集优良种子特征，构建分类模型，并在植物生长后期收集数据，丰富完善分类模型，提升鉴别的准确度。将计算机视觉技术应用到农作物选种中极大地提高了鉴种的效率和精准度。

我们利用计算机视觉技术可以对作物的生长状态进行监测。例如，利用计算机视觉技术计算叶冠投影面积和株高等信息；通过对叶片状态及表面颜色的分析，判断出作物是否存在营养不良的情况，为及时施肥或灌溉提供理论依据；对果实的成熟度进行检测，对果实表面的像素点进行特征提取，根据果实的表面颜色、形状和大小判断其成熟度。

利用计算机视觉技术对草害、病害和虫害进行识别的本质是图像分类问题。因为健康的农作物与遭受病虫害危害的农作物或杂草的颜色、大小、形态等特征均存在差异。我们可以通过与特征库的叶宽、颜色等特征信息进行比较分析将其区分。在识别草害的实际生产中，首先对采集图像中的土壤背景进行滤除，然后通过与特征库的叶宽、颜色等特征信息进行比较分析，实现对杂草的快速精准识别，从而为去除杂草提供数据支撑。在病害识别的应用上，首先对遭受病害的作物进行图像特征分析，然后与特征库中的健康作物图像信息特征进行比较分析，划分出遭到各种病害危害的作物图像，从而实现对作物病害的自动识别。在虫害识别的应用上，计算机视觉技术主要的工作原理是先对拍摄到的昆虫的纹理、形态、大小等特征进行提取，使用卷积神经网络进行识别，再通过建立昆虫特征信息库，实现对害虫的识别，给出及时、合理的措施，以便预防或阻止病虫害带来的影响。

农作物采收也可以通过计算机视觉技术的方法实现。当前，我们利用计算机视觉技术能够实现对柔软果实的无损采收。我们利用计算机视觉技术还可以对农作物的表面颜色、形状、大小等特征进行分析，从而得出农作物的成熟度，再与机器人配合，通过传送带系统完成对果实的全自动收获。例如，苹果采摘机器人可以采用双目立体视觉、目标检测等技术实现对果实的定位和成熟度的判定，再与机器人配合，对果实进行无损摘取。在 2019 年国际消费电子展上，John Deere 展示了一种半自动联合收割机。它使用人工智能和计算机视觉技术来分析谷物的质量，还可以找到收割谷物时的最佳路线。

我们利用计算机视觉技术可以实现对牲畜个体和其行为特征的无接触、远程分析，能够节省大量人力和时间成本。计算机视觉技术实现监测的核心是，先通过对动物活动进行全方位的拍摄，获取活动个体的信息数据，构建行为模型，再将信息数据放入神经网络模型中训练，生成相应的行为识别模型，进而实现对牲畜的采食、排泄、求偶和休息等一般行为的识别。通过识别牲畜行为也可以及时发现牲畜的异常行为，并及时采取相应的措施。

牲畜体尺是衡量牲畜生长和发育情况的重要指标，在牲畜养殖中，经常需要对大量牲畜进行体尺测量。传统的测量方式是使用皮尺等工具靠近牲畜，进行近距离直接测量，但这种方式对大型牲畜进行测量时难度很大，易使牲畜产生应激反应，甚至对人进行攻击，测量效率较低。而利用计算机视觉技术，先通过对牲畜进行图像拍摄，以远距离的方式对其进行体尺的测量，再将采集的图像输入图像分割模型，从输出的图像中得到牲畜的轮廓，通过对牲畜的轮廓进行几何分析得出体尺测点，并根据体尺测点计算当前牲畜的体尺参数。

第 4 章

几何图像的绘制

学习目标

- 了解几何结构与标签在计算机视觉中的常见应用。
- 掌握 OpenCV 中绘制直线、矩形、圆、多边形和文本的函数及其使用方法。
- 掌握计算机对几何基础元素或图形的定义方式，具备自定义或修改图像模式的能力。

4.1 项目介绍

在计算机图像中，图像通常被视作以像素为基本元单位的矩阵数据。人们在研究图像特征的过程中，通常习惯将高级人类语义特征分解为基础几何元素特征的集合之后再进行处理。因此，基础几何元素是计算机视觉任务的基础，它在构建图像、修改图像、提取图像特征、建立图像数据集等一系列计算机视觉的应用任务中，都起到了至关重要的作用。例如，在识别任务中，算法目标经常被定义为对某个感兴趣的区域目标的标注；或者工程师在开发调试时，需要通过绘图来量化算法的相关性能；甚至在创作数字图像时，绘制基本的几何图形也是必不可少的步骤。在此背景下，OpenCV 广泛集成了工业、研究中常用的绘图函数，提供了完善的接口和自定义方法。

常用的几何元素包括直线、矩形、圆、多边形等。在几何学中，这些几何元素通过位置和尺寸信息来确定基本结构。在图像识别中还有一个常用的元素是文本标签，通常以文本的形式出现，用于标志位置、数据和特征类别。

本项目将简单介绍常用的几何元素，并使用 OpenCV 完成部分基本图像的绘制和标注，涉及的函数包括 line()、rectangle()、circle()、polylines()和 putText()。

4.2　理论基础

在利用几何图像绘制工程模块的过程中，主要涉及一些常见的几何图形、元素在 OpenCV 中的定义和使用，以及这些元素的形态参数的设定。下面对相关函数的定义进行介绍。

微课：几何图形绘制理论

4.2.1　直线

OpenCV 中直线的定义更接近于数学中线段的定义。OpenCV 通过线的两个端点坐标来定位、绘制直线，还提供了相应的参数使用户可以根据实际需要设置直线的颜色、粗细、纹样等属性。

绘制直线的函数为 line()，其语法格式为：

```
cv2.line(img, start_point, end_point, color[, thickness[,
lineType[, shift]]]) -> img
```

在调用 line()函数时，用户需要输入指定的绘制参数，输入无误后，将会在绘制的画布上输出一条直线。

line()函数的主要参数说明如下。

- img：画布，绘制直线的源图像。
- start_point、end_point：直线的起始点和结束点的坐标元组。
- color：需要传入的颜色参数（BGR），用于设置线条颜色，默认为黑色。
- thickness：用于设置线条的粗细，默认值为 1。

- lineType：用于设置线条的类型，包括 8 联通线型，4 联通线型，抗锯齿的平滑型直线。默认为 8 联通线型。用户可以使用 cv2.LINE_AA 来绘制抗锯齿的平滑直线。线型及其参数含义如表 4-1 所示。

表 4-1　线型及其参数含义

lineType	参 数 含 义	说　明
LINE_8（默认）	8 联通线型	采用角联通绘制
LINE_4	4 联通线型	采用边联通绘制
LINE_AA	抗锯齿的平滑型直线	16 联通线型，美观性较强

其中，必填参数为 img、start_point 和 end_point，其他参数可省略。

4.2.2　矩形

矩形也是计算机视觉任务中常用的几何元素。OpenCV 是通过确定矩形的对角线位置来绘制指定矩形图案的。绘制矩形的函数为 rectangle()，其语法格式为：

```
rectangle(img, left_top, right_bottom, color[, thickness[,
lineType[, shift]]]) -> img,
```

rectangle()函数的主要参数说明如下。

- img：画布，绘制矩形的源图像。
- left_top、right_bottom：矩形左上顶点与右下顶点的坐标，即对角线的两个顶点的坐标元组。
- color：矩形边框线条颜色的参数，用于设置线条颜色，默认为黑色。
- thickness：矩形边框线条粗细，用于设置线条的粗细，默认值为 1。
- lineType：矩形边框线条的类型，默认值为 8 联通直线（LINE_8）。
- shift：对角线坐标的小数点位数，默认为整数坐标（位值为 0）。

其中，必填参数为 img、left_top 和 right_bottom，其他参数可省略。

4.2.3　圆

在 OpenCV 中，用户可以采用确定圆心和半径的方法来绘制圆。绘制圆的函数为 circle()，其语言格式为：

```
circle(img, center, radius, color[, thickness[, lineType[,
shift]]]) -> img
```

circle()函数的主要参数说明如下。

- img：输入图像，绘制圆形的画布。

- center：圆心坐标。

- radius：定义的圆形的半径。

- color：圆弧颜色参数，用于设置线条的颜色，默认为黑色。

- thickness：圆弧粗细，用于设置线条的粗细，默认值为 1。需要注意的是，在 OpenCV 中，如果 thickness 的值为负数，则也是合法的。当 thickness 的值为正数时，表示圆弧宽度；当 thickness 的值为负数时，表示绘制一个填充圆形。

- lineType：指定圆弧线条的类型，默认值为 8 联通直线（LINE_8）。

- shift：圆心坐标和半径的小数点位数，默认为整数坐标（位值为 0）。

其中，必填参数为 img、center 和 radius，其他参数可省略。

4.2.4 多边形

根据拓扑学原理，平面多边形可以被其顶点和边完整地定义。在 OpenCV 中，用户可以使用一组顶点坐标来绘制多边形。

绘制多边形的函数为 polylines()，其语法格式为：

```
polylines(img, pts=[points], isClosed, color[, thickness[,
lineType[, shift]]]) -> img
```

polylines()函数的主要参数说明如下。

- img：输入图像，需要绘制图形的画布。

- pts：多边形顶点坐标集，输入的参数应为一个由有限个同维度坐标构成的列表。

- isClosed：根据各个顶点绘制的多边形是否闭合，默认为闭合（isClosed=True）。

- color：多边形线条颜色的参数，用于设置多边形的线条颜色，默认为黑色。

- thickness：多边形线条的粗细，用于设置连接各顶点线条的粗细，默认值为 1。

- lineType：指定多边形线条的类型，默认值为 8 联通直线（LINE_8）。
- shift：多边形顶点集中坐标的小数点位数，默认为整数坐标（位值为 0）。

其中，必填参数为 img 和 pts，其他参数可省略。polylines()函数用于定义多边形框架。如果想要绘制填充的多边形，则可以使用 fillPoly()函数。

4.2.5　文本

在计算机视觉任务中，用户经常使用文本进行说明或标注，因此 OpenCV 也提供了添加图像和编辑文本的函数 putText()。

putText()函数的语法格式为：

```
putText(img, text, org, fontFace, fontScale, color[, thickness[,
lineType[, bottomLeftOrigin]]]) -> img
```

putText()函数的主要参数说明如下。

- img：输入图像，需要标注的画布。
- text：绘制的文本内容，格式通常为字符串。
- org：通过指定绘制的文本字符的左下角坐标来确定文本位置，输入参数形式为单个点坐标。
- fontFace：传入关键字参数定义所需的文本字体类型，如表 4-2 所示。

表 4-2　OpenCV 支持的文本字体类型

fontFace	参 数 含 义
cv2.FONT_HERSHEY_SIMPLEX	正常尺寸无衬线字体
cv2.FONT_HERSHEY_PLAIN	小尺寸无衬线字体
cv2.FONT_HERSHEY_DUPLEX	较为复杂的正常尺寸无衬线字体
cv2.FONT_HERSHEY_COMPLEX	正常尺寸衬线字体
cv2.FONT_HERSHEY_TRIPLEX	较为复杂的正常尺寸衬线字体
cv2.FONT_HERSHEY_COMPLEX_SMALL	FONT_HERSHEY_COMPLEX 的较小版本
cv2.FONT_HERSHEY_SCRIPT_SIMPLEX	手写风格字体
cv2.FONT_HERSHEY_SCRIPT_COMPLEX	FONT_HERSHEY_SCRIPT_SIMPLEX 的复杂变体类字体

- fontScale：定义文本的字号，传入参数值为字体相较于最初尺寸的缩放系数。例如，如果输入值为 1.0（f），则表示字体宽度是最初字体宽度；如果输入值为 0.5（f），则表示默认字体宽度的一半。
- color：文本颜色的参数，用于设置文本颜色，默认为黑色。
- thickness：文本字体线条粗细，默认值为 1。
- lineType：指定文本字体线条的类型，默认值为 8 联通直线（LINE_8）。
- bottomLeftOrigin：输入一个布尔值确定图像数据原点。如果输入值为 True，则图像数据原点位于左下角；否则，图像数据原点位于左上角。默认值为 True。

在绘制文本的函数中，必须由用户给出定义的参数有 img、text、org、fontFace 和 fontScale，其他参数可省略。

4.3　项目分析

本项目中各图形对象的绘制都可采用 OpenCV 中的函数来完成，如 line()函数、rectangle()函数、circle()函数、polyline()函数、putText()函数。本项目设计一个集成函数，使程序在调用函数后能在给定画布上绘制出各类图形和输出文字。

微课：几何形状绘制实现

4.3.1　项目介绍

本项目主要实现一个简单的图形标注系统，在指定位置绘制各类图形和输出文字，通过使用 Python 中的图像绘制工具，设置图形的颜色、线条类型和添加文本。需要注意的是，本项目绘制的矩形、圆形、多边形等图形都是非填充边框。

掌握这些基本的几何结构的绘制方法，为后续更复杂的计算机视觉学习任务打好基础，能够使初学者在高级项目中给出更合理的设计、编写更完善的代码。

4.3.2　界面效果

本项目通过 Python 编写代码段，在命令窗口中输出一系列的图像和文字，界面效果如图 4-1 所示。

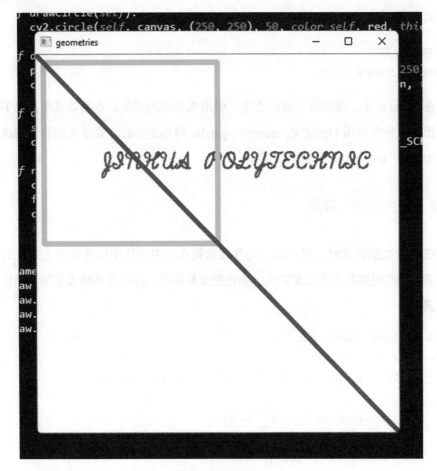

图 4-1　界面效果

4.4　项目实现

下面通过编程步骤介绍如何通过 OpenCV 的内置功能来实现在同一个窗口中绘制几何图形和文本。

4.4.1 调用声明

先在文件头声明对 OpenCV 库的调用。本项目还需要用到 Python 中的 numpy 科学计算包。

调用声明语句如下：

```
import cv2
import numpy as np
```

在 Python 中，用户可以自由定义、引用重命名的模块，也可以引用自己书写的模块程序。但在引用 OpenCV、numpy、pandas 等绑定库时，通常采用约定俗成的简称，如 cv2、np、pd 易于理解和书写。

4.4.2 定义初始化变量

在构造类别属性时，用户将一些参数放置在类内属性中以使程序之间达到兼容性。下面的代码实现了定义窗口名、颜色变量和画布，并根据具体需求增、删需要的类内属性。

```
class DrawGeometries:
def __init__(self):
    self._canvas = np.full([500,500,3], 255, np.uint8)

    self._blue = (255, 0, 0)
    self._green = (0, 255, 0)
    self._red = (0, 0, 255)

    self._win = 'geometries'
```

上述代码用于绘制一个空白画布，并且定义了 3 种基础颜色的 RGB 值，同时将此窗口命名为 geometries。

4.4.3 类内方法

下面通过类内方法定义引用 OpenCV 中的函数来构造所需几何图形。

```
    def drawLine(self):
        cv2.line(self._canvas, (0,0), (499, 499), color=self._red,
thickness=5)

    def drawRectangle(self):
        cv2.rectangle(self._canvas, (10,10), (250, 250), color=self
._green, thickness=5)

    def drawCircle(self):
        cv2.circle(self._canvas, (250, 250), 50, color=self._red, t
hickness=5)

    def drawPolyLines(self):
        pts = np.array([[400, 100], [300, 140], [450, 250], [350, 2
50]], np.int32)
        cv2.polylines(self._canvas, [pts], False, color=self._green
, thickness=5)

    def drawText(self):
        str = "JINHUA POLYTECHNIC"
        cv2.putText(self._canvas, str, (90, 150), cv2.FONT_HERSHEY_
SCRIPT_SIMPLEX, 1, self._red,2)
```

其中，使用 self.drawLine()函数调用 OpenCV 中的 line()函数来绘制一条从原点
（0,0）到坐标点（499,499）的红色直线（画布的对角线），并将直线的粗细设置为5。

使用第二个内置函数 self.drawRectangle()调用 OpenCV 中的 rectangle()函数来绘
制一个边长为240，一对顶点在（10,10）和（250,250）的正方形。将正方形的边框
线条颜色设置为绿色，粗细为5。

类似地，使用 self.drawCircle()函数定义一个圆形绘制函数，当它被调用时，画
布上将绘制一个圆心位于（250,250）、半径为50、圆弧颜色为红色且圆弧粗细为5
的圆。

在多边形函数 self.drawPolyLines()中，首先在类内定义多边形的顶点集 pts。pts 中
包含了4个顶点，即需要绘制的多边形是一个四边形。需要注意的是，在此函数中将

多边形参数 isClosed 的值设置为 False。此时，绘制的是一个非封闭的四边形，第一个顶点和最后一个顶点之间将不会用线条连接。

然后，定义一个类内函数 self.drawText()，用于在画布上输出一段文本"JINHUA POLYTECHNIC"。该文本的左下角位于坐标（90，150），将字号设置为 2，颜色设置为红色，字形设置为"手写风格字体"。

4.4.4　绘制几何图形

在定义完各图形的绘制细节之后，用户可以在主函数中调用它们。这里可以选择直接在 main()主函数中调用定义在 DrawGeometries 类中的各图形绘制函数，但是考虑到系统的封装性和安全性，需要在 DrawGeometries 类中定义启动函数 run()，代码如下：

```
def run(self, func):
    cv2.namedWindow(self._win)
    func()
    cv2.imshow(self._win, self._canvas)
    if cv2.waitKey(0) == ord('q'):
        return
```

通过上述 run()函数首先命名了弹出窗口的名称为类内定义属性值 self_win，然后将想要绘制的图形函数作为形参传入并调用，最后使用 cv2.imshow()函数等待键入值以进行下一步反应（return）。

在 main()主函数中，只需要实例化定义的类并调用 run()函数即可，代码如下：

```
if __name__ == '__main__':
    draw = DrawGeometries()
    draw.run(draw.drawLine)
    draw.run(draw.drawRectangle)
    draw.run(draw.drawCircle)
    draw.run(draw.drawPolyLines)
    draw.run(draw.drawText)
```

运行结果如图 4-2～图 4-6 所示。

图 4-2　绘制直线

图 4-3　绘制矩形

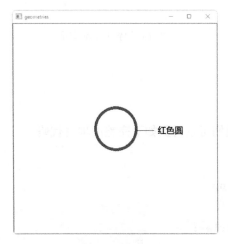

图 4-4　绘制圆形

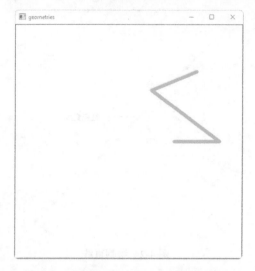

图 4-5　绘制多边形（不封闭顶点连线）

图 4-6　添加文本文字

4.4.5　系统化编程

整合上述步骤，我们可以得到如下完整的项目代码。

```
import cv2
import numpy as np


class DrawGeometries:
    def __init__(self):
```

```python
        self._canvas = np.full([500,500,3], 255, np.uint8)


        self._blue = (255, 0, 0)
        self._green = (0, 255, 0)
        self._red = (0, 0, 255)


        self._win = 'geometries'

    def drawLine(self):
        cv2.line(self._canvas, (0,0), (499, 499), color=self._red,
thickness=5)


    def drawRectangle(self):
        cv2.rectangle(self._canvas, (10,10), (250, 250), color=self
._green, thickness=5)


    def drawCircle(self):
        cv2.circle(self._canvas, (250, 250), 50, color=self._red, t
hickness=5)


    def drawPolyLines(self):
        pts = np.array([[400, 100], [300, 140], [450, 250], [350, 2
50]], np.int32)
        cv2.polylines(self._canvas, [pts], False, color=self._green
, thickness=5)


    def drawText(self):
        str = "JINHUA POLYTECHNIC"
        cv2.putText(self._canvas, str, (90, 150), cv2.FONT_HERSHEY_
SCRIPT_SIMPLEX, 1, self._red,2)


    def run(self, func):
        cv2.namedWindow(self._win)
        func()
        cv2.imshow(self._win, self._canvas)
        if cv2.waitKey(0) == ord('q'):
            return
```

```
if __name__ == '__main__':
    draw = DrawGeometries()
    draw.run(draw.drawLine)
    draw.run(draw.drawRectangle)
    draw.run(draw.drawCircle)
    draw.run(draw.drawPolyLines)
    draw.run(draw.drawText)
```

应用场景 4：零售业

每一次零售业的变革都离不开技术力量的驱动，AI、虚拟化、物联网、边缘计算等数字化技术实现了消费者个性化体验升级和零售业务重塑，使零售业发生了很大的变革。计算机视觉在零售业中的应用非常广泛。例如，零售商可以创建热图并分析顾客的行动轨迹，从而深入了解顾客在商店中的行为，以便通过不同的营销策略来增加销售额。例如，著名零售商亚马逊正在利用先进的计算机视觉技术，让顾客在找到自己想要的商品后，无须扫描商品或付款就可以离开。人工智能会检测到顾客拿走了哪些物品，促使系统在顾客的亚马逊账户收费。

计算机视觉还可以用于显著提升库存管理的效率，因为这项技术能够识别图像或视频中的物品与板条箱数量，无须工人手动盘点。这些自动库存周期盘点为零售工人提供了实时更新，使他们能够根据库存的状态做出明智的决策。据悉，64%的零售商计划在未来几年部署计算机视觉等数据驱动的解决方案，以优化库存管理。

计算机视觉在零售领域的应用还包括以下几个方面。

1. 自动付款

如果你可以进入商店，拿起想购买的商品，就可以直接离开。你无须在收银台付款，也无须排队等候收银员。你购买商品的任何金额将自动从银行账户扣除。这听起来不可能实现，但实际上可以使用计算机视觉来实现。商店可以使用传感器和计算机视觉的组合来监控所有商品，以便知道顾客何时拿起了商品。商店还可以识别出选择了产品的顾客，并在顾客离开商店后自动从顾客的银行账户里扣款。这似乎是一个高科技幻想而不是现实，但它已经在美国的 AmazonGo 商店中进行了应用。

2. 客户资料管理

当你前往之前去过的商店时，他们很可能拥有你的购买历史等信息，如果你是该商店的会员，那么他们会拥有更多关于你的详细信息。大多数零售商收集广泛的顾客数据以确保了解顾客想要什么，以便提供有针对性的广告，为流行商品增加库存量等。但是使用计算机视觉可以大大增强这种顾客数据的收集，零售商可以使用它来识别不同的顾客人口统计特征和不同的购买模式，并提供有针对性的广告以获得更多洞察力。零售商还可以了解商店中经常吸引顾客眼球的商品，然后以这样一种方式创建商店，以提供这些商品的最大可见度。例如，零售商可以提供商店中与视线齐平的热门商品，并将其他商品放到最高或最低的货架上。

3. 个性化服务

如果你是一家商店的常客，并且能得到特别折扣或一些津贴，那就太好了，这会让你更有可能再次光顾这家商店。这种品牌忠诚度是商店留住顾客并提高利润的好主意。但是如何轻松做到这一点呢？计算机视觉对此有很大帮助。商店使用人脸识别及时识别光顾本店的常客，并为他们提供折扣或免费商品。毕竟，商店里已经有这么多摄像头了，为什么不好好利用它们呢？除此之外，计算机视觉还可以帮助商店了解所服务的顾客的类型，以及每个顾客群体的实际需求，然后可以为顾客提供流行商品的折扣或利润丰厚的优惠，并获得更多忠实的顾客，这也将增加商店的长期利润。

4. 防盗

大多数零售店都安装了摄像头，并且由保安人员监控，以确保没有东西被盗，但这些都不是充分的证明方法，尤其是在容易入店行窃的繁忙时期。计算机视觉对此可以提供很大帮助。机器学习算法可以通过具有计算机视觉的摄像头自动监控商店，并在发生盗窃时向保安人员发出警报。还可以利用这些算法来识别屡犯者并密切关注他们，以免他们再次偷窃任何东西。总而言之，利用机器学习算法可以极大地减少各地零售店盗窃事件的发生。

5. 货架管理

对于零售商来说，了解货架上的商品及热销商品非常重要。毕竟，当顾客想要购买某种商品而看到货架空了，并且商品售罄时，这绝不是一个好现象。零售商可以使用计算机视觉来避免这类现象的发生。零售商可以实时关注所售卖的商品，并在任何商品缺货时立即收到补货通知。通过这种方式，货架管理比员工偶尔检查货架并手动补货要容易和快捷得多。除了检查货架上的库存状态，货架管理中的计算机视觉还可以帮助零售商如何组织货架，将哪些品牌的同类商品放在一起等。虽然这些事情听起来并不重要，但是对顾客的心理产生了很大的影响，最终可以增加零售商的利润。

第 5 章

简单的图像处理

学习目标

- 了解图像处理的基本知识。
- 了解图像的旋转和平移实现方法。
- 了解图像的形态学处理方法。
- 掌握 OpenCV 中旋转图像、平移图像、镜像图像、翻转图像的方法。
- 掌握 OpenCV 中形态学处理的具体算法。

5.1　项目介绍

　　图像处理是指对图像进行分析、加工和处理，使其满足人们的视觉、心理或其他要求的技术。图像处理是信号处理在图像领域中的一个应用。本项目主要实现数字图像的平移、旋转、翻转、形态学处理等功能。

　　在图像处理中，对于图像形态学的应用相当广泛，主要应用于图像的预处理操作，尤其对二值图像的预处理和分析。

5.2 项目原理

5.2.1 图像的翻转处理

旋转和平移是图像编辑中基本的操作。两者都属于广义的仿射变换。因此，在学习更复杂的转换之前，我们应该先学习如何旋转图像和平移图像，可以使用 OpenCV 中的函数来实现。

我们首先通过 getRotationMatrix2D()函数获取 2D 旋转矩阵，然后对图像进行旋转。具体操作是通过 warpAffine()函数将旋转矩阵施加在图像上，完成对图像绕着中心旋转所需的角度。接着通过定义转换矩阵，包含图像沿着 x 轴、y 轴移动的信息，利用 warpAffine()函数对图像进行变换。

5.2.2 形态学处理

形态学，即数学形态学（MathematicalMorphology），是图像处理过程中非常重要的一个研究方向。形态学主要从图像内提取分量信息，该分量信息通常对于表达和描绘图像的形状具有重要的意义，通常是图像所使用的最为本质的形状特征。例如，在处理手写数字识别时，能够通过形态学运算得到骨架信息，在具体识别时，仅针对骨架进行运算。形态学处理在视觉检测、文字识别、医学图像处理、图像压缩编码等领域都有着非常重要的应用。

图像形态学是二值图像分析的重要分支学科。图像形态学能够从图像中提取出对于表达和描绘区域形状有意义，或者我们所感兴趣的区域形状的图像分量，使后续的处理工作对于整幅图像来说更具有针对性，能够抓住目标对象最为本质（最具区分能力——most discrimination）的形状特征，如某一目标范围、边界、连通区域等。

5.3 项目实现

5.3.1 使用 OpenCV 旋转图像

通过定义一个变换矩阵 M，可以将图像旋转一个特定的角度 θ。

$$M = \begin{bmatrix} \cos\theta & -\sin\theta \\ \sin\theta & \cos\theta \end{bmatrix}$$

OpenCV 提供了为图像定义旋转中心，以及利用缩放因子来调整图像大小的功能。在这种情况下，变换矩阵如下。

$$\begin{bmatrix} \alpha & \beta & (1-\alpha)\times c_x - \beta \times c_y \\ -\beta & \alpha & \beta \times c_x + (1-\alpha)\times c_y \end{bmatrix}$$

在上述矩阵中：

$$\alpha = \text{scale} \times \cos\theta$$

$$\beta = \text{scale} \times \sin\theta$$

其中，c_x 和 c_y 是图像旋转的坐标。

OpenCV 提供了 getRotationMatrix2D()函数来创建上面的转换矩阵。

创建 2D 旋转矩阵的语法格式为：

```
getRotationMatrix2D(center, angle, scale)
```

getRotationMatrix2D()函数的主要参数说明如下。

- center：图像的旋转中心。
- angle：图像的旋转角度。
- scale：图像缩放因子，根据提供的值将图像向上或向下缩放。

如果 angle 的值是正数，则图像按逆时针方向旋转；如果 angle 的值是负数，则图像按顺时针方向旋转。

旋转图像分为以下 3 个操作步骤。

（1）指定图像旋转的中心。

（2）创建 2D 旋转矩阵。利用 OpenCV 提供的 getRotationMatrix2D()函数来创建 2D 旋转矩阵。

（3）使用创建的旋转矩阵对图像应用仿射变换。使用 OpenCV 中的 warpAffine()函数来完成这项工作。

warpAffine()函数的作用是：对图像应用一个仿射变换。在进行仿射变换后，原始图像中所有的平行线在输出图像中也保持平行。

warpAffine()函数的语法格式为：

```
warpAffine(src, M, dsize[, dst[, flags[, borderMode[,
borderValue]]]])
```

warpAffine()函数的主要参数说明如下。

- src：原图。
- M：变换矩阵。
- dsize：输出图像的大小。
- dst：输出图像。
- flags：插值方法的组合，如 INTER_LINEAR 或 INTER_NEAREST。
- borderMode：像素扩展方法。
- borderValue：在边界不变的情况下使用的值，默认值为 0。

图像旋转实现代码如下：

```python
import cv2

# 读取图像
image = cv2.imread('image.jpg')

# 将高度和宽度除以 2 得到图像的中心
height, width = image.shape[:2]
# 获取图像的中心坐标来创建 2D 旋转矩阵
center = (width/2, height/2)

# 使用 cv2.getRotationMatrix2D() 函数获取旋转矩阵
rotate_matrix = cv2.getRotationMatrix2D(center=center, angle=45,
scale=1)

# 使用 cv2.warpAffine() 函数旋转图像
rotated_image = cv2.warpAffine(src=image, M=rotate_matrix,
dsize=(width, height))

cv2.imshow('Original image', image)
```

```
cv2.imshow('Rotated image', rotated_image)
# 按任意键退出程序
cv2.waitKey(0)
# 将旋转图像保存到磁盘
cv2.imwrite('rotated_image.jpg', rotated_image)
```

图 5-1 所示为原始图像，如图 5-2 所示为图像旋转后的效果。

图 5-1　原始图像

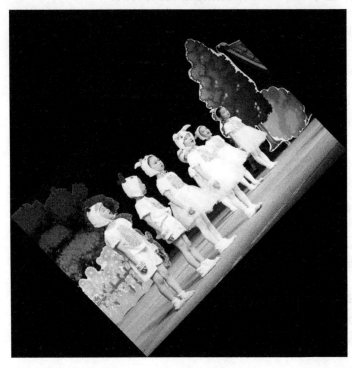

图 5-2　图像旋转后的效果

5.3.2 使用 OpenCV 平移图像

在计算机视觉中，图像的平移意味着沿着 x 轴和 y 轴移动指定数量的像素。假设图像需要移动的像素为 t_x 和 t_y，则可以定义一个平移矩阵 M。

$$M=\begin{bmatrix} 1 & 0 & t_x \\ 0 & 1 & t_y \end{bmatrix}$$

当按照 t_x 值和 t_y 值移动图像时，有几点需要注意。

- 当 t_x 的值为正数时，向右移动图像；当 t_x 的值为负数时，向左移动图像。
- 当 t_y 的值为正数时，向下移动图像；当 t_y 的值为负数时，向上移动图像。

按照以下步骤可实现平移图像。

- 首先，读取图像，获得图像的宽度和高度。
- 然后，创建一个变换矩阵，这是一个 2D 数组。这个矩阵包含沿 x 轴和 y 轴移动图像所需的信息。
- 最后，使用 warpAffine()函数来应用仿射转换。

下面是具体实现代码。

首先，读取图像并获得其高度和宽度，代码如下：

```python
import cv2
import numpy as np


# 读取图像
image = cv2.imread('image.jpg')
# 获取图像的宽度和高度
height, width = image.shape[:2]
```

然后，创建平移矩阵。

```python
# 获取转换的 tx 和 ty 的值
# 可以指定任意值
tx, ty = width / 4, height / 4
```

```
# 使用 tx 和 ty 创建转换矩阵，它是 numpy 数组
translation_matrix = np.array([
    [1, 0, tx],
    [0, 1, ty]
], dtype=np.float32)
```

如上所述，需要使用 t_x 和 t_y 来平移矩阵。本实例将图像 1/4 的宽度和高度作为平移值。

最后，使用 warpAffine() 函数将平移矩阵应用到图像上。需要注意的是，warpAffine() 是一个通用函数，可以用于对图像应用任何类型的仿射变换，只要适当地定义矩阵 *M*，代码如下：

```
# 对图像应用转换
translated_image = cv2.warpAffine(src=image, M=translation_matrix,
dsize=(width, height))
```

运行上述代码后即可显示转换后的图像，并将其存储到磁盘中，代码如下：

```
# 显示原始图像和转换后的图像
cv2.imshow('Translated image', translated_image)
cv2.imshow('Original image', image)
cv2.waitKey(0)
# 将转换后的图像存储到磁盘中
cv2.imwrite('translated_image.jpg', translated_image)
```

图 5-3 所示为图像平移后的效果。

图 5-3　图像平移后的效果

5.3.3 使用 OpenCV 镜像图像

本实例使用了 Lena 图像，该图像主要用于测试计算机视觉模型，确保下载此图像并将其保存在当前目录中，代码如下：

```
import cv2
import numpy as np
from matplotlib import pyplot as plt
```

先使用 imread()函数读取 cv2 中的图像文件。为此，我们只需要导入 numpy 包并使用它来读取图像。这样才能获得矩阵形式的图像。在默认情况下，使用 imread()函数可以读取 BGR 格式的图像。如果想要将 BGR 格式的图像转换为 RGB 格式的图像，则可以使用 cvtColor()函数实现，代码如下：

```
def read_this(image_file, gray_scale=False):
    image_src = cv2.imread(image_file)
    if gray_scale:
        image_rgb = cv2.cvtColor(image_src, cv2.COLOR_BGR2GRAY)
    else:
        image_rgb = cv2.cvtColor(image_src, cv2.COLOR_BGR2RGB)
    return image_rgb
```

通过上面的函数可以实现从传递的图像文件返回图像矩阵。如果想要获取图像矩阵或格式，则可以使用 if...else 语句实现。

如果想要镜像图像，则需要从左到右逐行反转矩阵。让我们考虑一个矩阵 *A*，代码如下：

```
>>> A = [
    [4, 1, 1],
    [2, 8, 0],
    [3, 8, 1]
]
```

镜像此矩阵（逐行）的代码如下：

```
>>> import numpy as np
```

```
>>> mirror_ = np.fliplr(A)
>>> mirror_
[[1, 1, 4],
 [0, 8, 2],
 [1, 8, 3]]
```

我们也可以在不使用 numpy 包的情况下执行此操作,可以使用循环语句反转矩阵的每一行。如果在图像矩阵上执行相同的操作将花费一些时间,因为这是非常大的矩阵,并且我们不希望代码的运行速度非常慢。

```
def mirror_this(image_file, gray_scale=False, with_plot=False):
    image_rgb = read_this(image_file=image_file,
gray_scale=gray_scale)
    image_mirror = np.fliplr(image_rgb)
    if with_plot:
        fig = plt.figure(figsize=(10, 20))
        ax1 = fig.add_subplot(2, 2, 1)
        ax1.axis("off")
        ax1.title.set_text('Original')
        ax2 = fig.add_subplot(2, 2, 2)
        ax2.axis("off")
        ax2.title.set_text("Mirrored")
        if not gray_scale:
            ax1.imshow(image_rgb)
            ax2.imshow(image_mirror)
        else:
            ax1.imshow(image_rgb, cmap='gray')
            ax2.imshow(image_mirror, cmap='gray')
        return True
    return image_mirror
```

上面的代码用于返回一个图像矩阵,该图像矩阵从左向右逐行反转或翻转。

镜像图像,代码如下:

```
mirror_this(image_file="lena_original.png", with_plot=True)
```

图 5-4 所示为镜像图像的效果对比。

（a）原始图像　　　　　　　　　　　　（b）图像镜像后的效果

图 5-4　镜像图像的效果对比

5.3.4　使用 OpenCV 翻转图像

如果想要翻转图像，则需要将矩阵从上到下逐列反转。让我们考虑一个矩阵 **B**，代码如下：

```
>>> B = [
    [4, 1, 1],
    [2, 8, 0],
    [3, 8, 1]
]
```

翻转此矩阵（按列），代码如下：

```
>>> import numpy as np
>>> flip_ = np.flipud(B)
>>> flip_
[[3, 8, 1],
 [2, 8, 0],
 [4, 1, 1]]
```

需要注意的是，使用 **numpy** 包翻转矩阵以保持代码的稳定性。

```
def flip_this(image_file, gray_scale=False, with_plot=False):
    image_rgb = read_this(image_file=image_file,
```

```
gray_scale=gray_scale)
    image_flip = np.flipud(image_rgb)
    if with_plot:
        fig = plt.figure(figsize=(10, 20))
        ax1 = fig.add_subplot(2, 2, 1)
        ax1.axis("off")
        ax1.title.set_text('Original')
        ax2 = fig.add_subplot(2, 2, 2)
        ax2.axis("off")
        ax2.title.set_text("Flipped")
        if not gray_scale:
            ax1.imshow(image_rgb)
            ax2.imshow(image_flip)
        else:
            ax1.imshow(image_rgb, cmap='gray')
            ax2.imshow(image_flip, cmap='gray')
        return True
    return image_flip
```

上面的代码用于返回一个图像矩阵，该图形矩阵从上向下按列反转或翻转。

翻转图像，代码如下：

```
flip_this(image_file='lena_original.png', with_plot=True).
```

图 5-5 所示为翻转图像的效果对比。

　（a）原始图像　　　　　　　　　（b）图像翻转后的效果

图 5-5　翻转图像的效果对比

5.3.5 形态学处理实现

形态学操作主要包括腐蚀、膨胀、开运算、闭运算、形态学梯度运算、顶帽运算（礼帽运算）、黑帽运算等。其中，腐蚀和膨胀是形态学中最基本的运算，其他运算都是基于这两种运算组合而成的。

1. 腐蚀

腐蚀是最基本的形态学操作之一，能够消除图像中的边界，使图像沿边界向内收缩。

当进行腐蚀操作时，通过结构元逐个像素扫描原始图像，根据结构元中心与原始图像的关系来进行腐蚀。该结构元也被称为"核"。

核能够自定义生成，也可以使用 cv2.getStructuringElement()函数来构造不同结构的核。该函数包含多个 shape 参数，能够生成不同的核。但相比于自定义核，核函数就有局限，所以本实例全部默认基于自定义核。有兴趣的读者可以尝试使用 cv2.getStructuringElement()函数来构造特定结构的核。

在 OpenCV 中，使用 cv2.erode()函数进行腐蚀操作，代码如下：

```
#使用 cv.erode()函数完成图像腐蚀
import cv2
import numpy as np
o=cv2.imread('E:\python_opencv/fushi.jpg',cv2.IMREAD_UNCHANGED)
kernel=np.ones((5,5),np.uint8)          #核大小为 5×5
erosion=cv2.erode(o,kernel)             #使用 kernel 对原始图像进行腐蚀操作
cv2.imshow('orriginal',o)
cv2.imshow('erosion',erosion)
cv2.waitKey()
cv2.destroyAllWindows()
```

通过上面代码读取图片后先生成 kernel 结构元，是一个 5×5 且元素均为 1 的矩阵，再使用 cv2.erode()函数进行腐蚀操作，运行结果如图 5-6 所示。

（a）原始图像

（b）图像腐蚀后的效果

图 5-6　图像腐蚀前后对比

左图是原始图像，右图是腐蚀图像。可以看到，腐蚀操作能将图像中的毛刺等腐蚀消除。

下面调节 cv2.erode()函数的迭代次数，观察不同 kernel 核对图像的腐蚀效果，代码如下：

```
#调节 cv2.erode()函数的参数，观察不同参数控制下的图像腐蚀效果
import cv2
import numpy as np
o=cv2.imread('E:\python_opencv/fushi.jpg',cv2.IMREAD_UNCHANGED)
kernel=np.ones((9,9),np.uint8)     #核大小为 9×9
#将 iterations 的值设置为 5，用于对 cv2.erode()函数的迭代次数进行控制，让其迭
代 5 次
erosion=cv2.erode(o,kernel,iterations=5)
cv2.imshow('orriginal',o)
cv2.imshow('erosion',erosion)
cv2.waitKey()
cv2.destroyAllWindows()
```

运行结果如图 5-7 所示。左图为原始图像；右图为迭代 5 次后的腐蚀效果，图像已明显向内收缩。在上述代码中，由于执行了更多的迭代次数，因此图像被腐蚀得更严重。

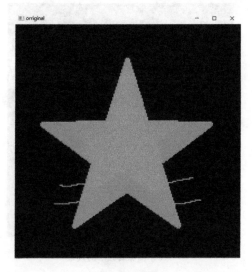

（a）原始图像　　　　　　　　　　　　　（b）图像腐蚀后的效果

图 5-7　图像多次腐蚀前后对比

2. 膨胀

膨胀是腐蚀的逆运算，能对图像从边界处向外扩张。如果图像中的两个目标距离较近，则进行膨胀操作后两个目标可能会连通。膨胀操作经常应用在图像分割后的填充任务中。

图像膨胀也是使用一个 kernel 核，逐一对原始图像的像素进行扫描，通过判断它们的位置关系来实现。

在 OpenCV 中，使用 cv2.dilate()函数进行膨胀操作，代码如下：

```
#使用 cv2.dilate()函数完成图像膨胀操作
import cv2
import numpy as np
o=cv2.imread('E:\python_opencv/pengzhang.jpg',cv2.IMREAD_UNCHANGED)
kernel=np.ones((9,9),np.uint8)              #核大小为 9×9
dilation=cv2.dilate(o,kernel)               #使用 kernel 对原始图像进行膨胀操作
cv2.imshow('orriginal',o)
cv2.imshow('dilation',dilation)
cv2.waitKey()
cv2.destroyAllWindows()
```

运行结果如图 5-8 所示。左图为原始图像；右图为图像膨胀后的效果，图像已由边界处向外扩张。

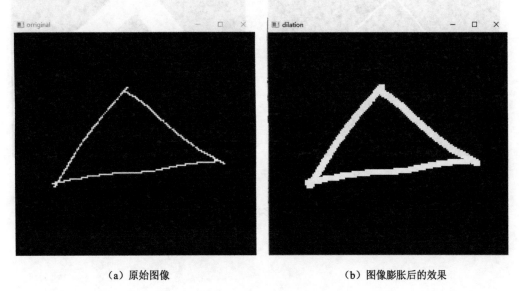

（a）原始图像　　　　　　　　　　（b）图像膨胀后的效果

图 5-8　图像膨胀前后对比

下面调节 cv2.dilate()函数的迭代次数，观察不同 kernel 核对图像的腐蚀效果，代码如下：

```
#调节 cv2.dilate()函数的参数，观察不同参数控制下的图像膨胀效果
import cv2
import numpy as np
o=cv2.imread('E:\python_opencv/pengzhang.jpg',cv2.IMREAD_UNCHANGED)
kernel=np.ones((5,5),np.uint8)     #核大小为 5×5
#将 iterations 的值设置为 9，用于对 cv2.dilate()函数的迭代次数进行控制，迭代 9 次
dilation=cv2.dilate(o,kernel,iterations=9)
cv2.imshow('orriginal',o)
cv2.imshow('dilation',dilation)
cv2.waitKey()
cv2.destroyAllWindows()
```

运行结果如图 5-9 所示。左图为原始图像；右图为图像迭代 9 次后的膨胀效果，图像已明显由边界处向外扩张。

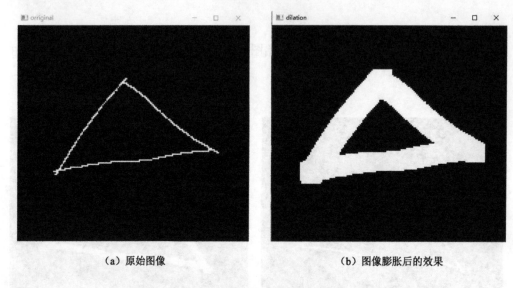

（a）原始图像　　　　　　　　　　　　　（b）图像膨胀后的效果

图 5-9　图像多次膨胀前后对比

应用场景 5：生产制造

制造业中的计算机视觉专注于创建可以捕获、处理来自物理世界（主要是工厂和其他工业场所）视觉输入的人工系统，以引发适当的反应并协助人类完成各种与生产相关的任务。机器学习驱动的计算机视觉解决方案可以通过数百万幅图像进行训练，以便自动发现每个对象的典型特征，学会识别它们，甚至随着时间推移对其性能进行微调。

在计算机视觉的支持下，生产制造将会更加安全、智能、有效地运行。厂商使用计算机视觉技术预防机器故障，还能防止故障带来的高昂的损失——这种预测性维护只是制造业运用计算机视觉技术的其中一例。同时这项技术还可以帮助我们监测包装过程，保证质量，减少劣质产品。

制造业中的计算机视觉通常应用于以下几个方面。

- 用于自动化产品装配上的引导机器人。
- 执行质量控制和检验任务。
- 优化仓库管理和供应链。
- 检测工业机械运行中的异常情况。
- 监督工作流程，以确保员工安全。

下面列举计算机视觉技术在制造领域的关键应用和成功实例。

1．视觉引导机器人系统

对于 21 世纪的人类来说，工业机器人已经被广泛应用于各行业中。如今，计算机视觉引导机器人是任何装配线的基石。事实上，它们可以轻松地用机械臂识别和拿起物体，或者绘制周围环境的地图，以便在制造工厂中活动，这使它们成为提高产量和简化仓库管理和物流的宝贵工具。

下面是由计算机视觉驱动的机器人执行的一些典型任务。

- 产品加工和组装。

- 码垛、包装和分拣。
- 清洗重型设备。
- 标记产品和跟踪。
- 用于补货的仓库监控。

计算机视觉引导机器人在车间的应用数不胜数。其中，Sawyer Robot 是一个由美国田纳西州塑料注射成型公司 Tennplasco 部署的多用途机械臂，但也包括 BluePrint Automation 的机器人纸箱装载系统，该系统利用计算机视觉抓取箱子。另一方面，奥地利汽车制造商麦格纳斯太尔（Magna Steyr）采用智能无人机扫描标签，方便库存操作。

2．质量保证

计算机视觉驱动的机器人非常精确，但生产链中的某些东西总是可能出错。幸运的是，我们还可以通过部署计算机视觉系统来双重检查产品的质量。这种先进的自动化视觉检查涉及使用高分辨率摄像头扫描成品，使用机器学习算法处理数据以识别异常，从而确保每件商品（包括其包装）都符合所有必要的质量标准。

在这方面，看一看沃尔沃汽车的解决方案。名为 Atlas 的计算机视觉系统可以使用 20 多个摄像头扫描每辆汽车，以发现汽车表面的缺陷，与手动检查相比，它可以发现多达 40%的异常情况。

3．资产维护

无论是在识别制造缺陷还是工业资产异常时，细节都是问题的症结所在。计算机视觉系统通过机器学习增强异常检测，可以很好地处理细节。事实上，计算机视觉系统可以通过摄像头、红外热成像和其他类型的传感器探测工业机械，以发现任何可能是故障迹象的偏差（如异常温度和振动），并预测即将到来的故障。

例如，美国通用汽车公司采用了一种计算机视觉解决方案，旨在分析装配机器人上安装的摄像头的图像，并检测影响其组件的故障。

4．人员安全

计算机视觉既可以成为机器的守护天使，又可以成为人类的守护天使。因为预测性维护允许制造公司提前修复机器，从而避免危险情况的发生。此外，它还可用于持续监测各种工业环境中的复杂制造操作。

英国建筑设备制造商 Komatsu Ltd 也采用了计算机视觉技术。该公司与 NVIDIA 合作，采用基于人工智能和视频分析的计算机视觉技术，来监测或预测工人和设备的移动，以发出潜在碰撞或其他危险情况的警报提醒。

事实证明，计算机视觉与工业流程数字化所涉及的许多技术一样，是制造企业的宝贵盟友，可显著降低成本、提高产量和质量、提高精度和提高员工安全性。

第 6 章

马赛克

学习目标

- 了解马赛克效果的实现原理。
- 掌握图像、视频中马赛克的实现方法。
- 掌握马赛克拼图的实现方法。
- 掌握 OpenCV 中的马赛克实现的具体算法。

6.1 项目介绍

马赛克是现在广为使用的一种图像（或视频）处理方法，此方法将影像特定区域的色阶细节劣化并造成色块打乱的效果，因为这种模糊效果看上去由一个个的小格子组成，便形象地称这种画面为"马赛克"，其目的是使图像或视频无法辨认。在日常的生活中，我们也经常会看到各种马赛克，如在新闻报道里，直播犯罪嫌疑人的头像时，使用马赛克用来遮挡人物面貌；在一些新闻事件中，为了保护未成年人，将头像进行马赛克处理等。可以说在生活中，马赛克无处不在。

图像打码其实也是图像卷积操作中空间域滤波的一种方式，用一定大小的滤波器对马赛克范围内的像素进行操作。将需要打码范围按照滤波器大小划分为多个区块，获取滤波器范围内的像素，计算平均值，再将平均值赋值给范围内的每一个像素，滤波器再滑到下一个区块。

本项目通过将马赛克应用到图像、视频等不同对象中，来介绍马赛克的具体实现算法；还介绍了利用拼图来实现马赛克效果。

6.2　项目原理

6.2.1　马赛克效果实现

马赛克效果其实就是将图像分成大小一致的图像块，每一个图像块都是一个正方形，并且在这个正方形中所有像素值都相等。我们可以将这个正方形看作一个模板窗口，模板中对应的所有图像像素值都等于该模板的左上角第一个像素的像素值，这就是马赛克效果，而正方形模板的大小则决定了马赛克块的大小，即图像马赛克化的程度。

马赛克的原理实现过程基本上可以分为以下几个步骤。

（1）选中需要生成马赛克的目标区域。

（2）将目标区域分成多个区域（为了美观，区域分割的数量要适中，而且大小尽量相等）。

（3）在每一个区域中，随机选择一个像素点，用该像素点代替该区域中的所有像素点。

6.2.2　马赛克效果实现原理

在学习 OpenCV 时，要熟练掌握马赛克的应用。下面介绍马赛克算法的几种实现原理。

（1）将需要马赛克的图像部位，全部赋值为该区域左上角的第一个像素的像素值。

（2）将需要马赛克的图像部位像素随机打乱。

（3）随机用某一点代替需要马赛克区域内的所有像素值。

下面以正六边形为例来介绍马赛克算法的实现步骤。

先将一幅图像分割成蜂窝状（见图6-1），并且用正六边形的中心点像素值来填充整个六边形。

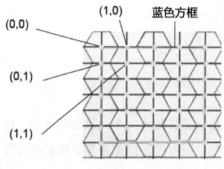

图6-1　蜂窝状示意图

假设蓝色方框就是画布，我们可以把它分割成长宽比为 $3：\sqrt{3}$ 大小的矩形阵，把所有的矩形阵点用坐标来索引。画布的左上点（0,0）为起始点，画布的最右下点是（width,height）。在这里为了方便说明，假设画布的长、宽都能整除每个小矩形的长、宽。上面画出了第一个小矩形4个点的坐标。这样，画布上的每一点都能对应落在某个矩形框内。当找到某个特定点属于的小矩形框后，就判断它属于哪个六边形，可以用该六边形中点的像素值来代替该点的像素值。如果采用这种方法，只要遍历画布上的每个点，就能完成马赛克效果。所以现在核心问题是定位画布上某个点属于哪个六边形。

我们已经知道了某个点属于哪个小矩形（对应于小矩形的左上点），通过观察可知，如果某个点属于某个小矩形，且该小矩形左上点的横纵坐标都为偶数或都为奇数，则正六边形中心位于该点所在小矩形的左上点或右下点。反之，如果横纵坐标是一奇一偶。则六边形中心位于该点所在小矩形的左下点或右上点。

因此，要判断画布上的某个点属于哪个正六边形，直接通过该点和其所在矩形框可能属于的两个正六边形中心点进行距离计算。离得比较近的中心点就是该点的像素值。

6.3　项目实现

6.3.1　图像马赛克效果实现

微课：马赛克

马赛克的实现原理是把图像上某个像素点一定范围内所有像素用随机选取的一个像素点的颜色代替，这样既可以模糊细节，又可以保留大体的轮廓，代码如下：

```python
# 将图像制作成马赛克效果
def mosaic_effect(img):
    new_img = img.copy()
    h, w, n = img.shape
    size = 10                          #马赛克大小
    for i in range(size, h - 1 - size, size):
        for j in range(size, w - 1 - size, size):
            i_rand = random.randint(i - size, i)
            j_rand = random.randint(j - size, j)
            new_img[i - size:i + size, j - size:j + size] =
img[i_rand, j_rand, :]
    return new_img


if __name__ == "__main__":
    img = cv2.imread("49.jpg")
    cv2.imshow("0", img)
    cv2.imshow("1", mosaic_effect(img))
    cv2.waitKey()
    cv2.destroyAllWindows()
```

可以看到，通过上述代码将马赛克大小设置为 10px，在这个区域内，随机选取一个像素点，将所有的像素都设置成该随机选取的像素值，这样就完成了图像马赛克效果。对于原始图像来说，轮廓看起来没有变化，如图 6-2 所示。

图 6-2　图像马赛克效果

6.3.2　视频马赛克效果实现

马赛克可以应用于图像，也可以利用捕捉摄像头技术及人脸检测，将马赛克应用于视频中，跟踪视频中的人脸，将人脸用马赛克遮挡，代码如下：

```python
# 将视频中的人脸替换成马赛克
def mosaic_video_effect(img):
    height, width, n = img.shape
    new_img = img.copy()
    size = 20
    faceCascade =
cv2.CascadeClassifier('haarcascade_frontalface_default.xml')
    gray = cv2.cvtColor(img, cv2.COLOR_BGR2GRAY)
    faces = faceCascade.detectMultiScale(gray, scaleFactor=1.15,
minNeighbors=2, minSize=(5, 5))
    for (x, y, w, h) in faces:
        for i in range(x + size, (x + w) - 1 - size, size):
            for j in range(y + size, (y + h) - 1 - size, size):
                if i - size > 0 and j + size < width and i + size <
height and j - size > 0:
                    i_rand = random.randint(i - size, i)
                    j_rand = random.randint(j - size, j)
                    new_img[i - size:i + size, j - size:j + size] =
img[i_rand, j_rand, :]
                else:
                    new_img[x:x + w, y:y + h] = [255, 255, 255]
    return new_img
```

```
if __name__ == "__main__":
    cap = cv2.VideoCapture(0)
    while (cap.isOpened()):
        ret, frame = cap.read()
        frame = mosaic_video_effect(frame)
        cv2.imshow('video', frame)
        c = cv2.waitKey(1)
        if c == 27:
            break
    cap.release()
    cv2.destroyAllWindows()
```

这里需要注意的是，由于只遮挡了人脸，因此并不是全屏马赛克。当人脸移动到摄像头边缘时，i-size 和 j-size 的值可能小于 0，j+size 和 i+size 的值可能大于视频窗口的宽度与高度，这样将导致数组越界报错。为了避免人脸在摄像头边缘时越界赋值，当人脸移动到摄像头边缘时，直接遮挡白色马赛克即可。

视频马赛克效果如图 6-3 所示。

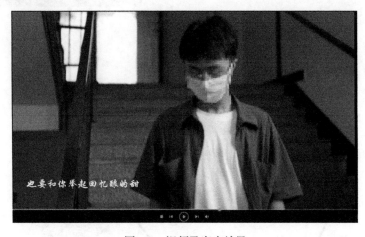

图 6-3　视频马赛克效果

6.3.3　马赛克拼图效果实现

一幅图像是通过多个像素组成的。为了生成马赛克拼图，将原始图像的每一小部分区域替换为与其颜色相似的图像，从而生成马赛克风格的图像。图 6-4 所示为马赛克拼图的流程。

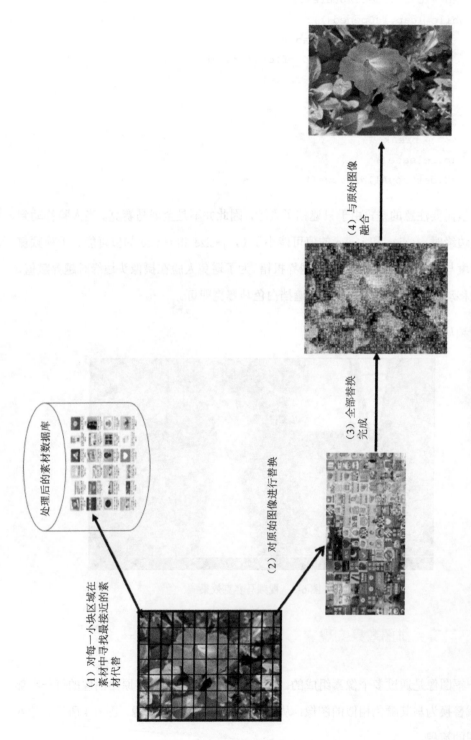

图 6-4 马赛克拼图的流程

项目思路大概分为以下 3 个步骤。

- 计算素材库中每幅图像的平均色。
- 把目标图像切分成平均的色块，与素材库图像进行替换。
- 全部替换完成后，再与原始图像进行融合。

如何计算图像的颜色相似度？这里要引用 RGB 和 HSV 的概念。RGB 色彩空间由 3 个通道表示一幅图像。这 3 个通道分别为红色（R）、绿色（G）和蓝色（B），通过这 3 种颜色的不同组合，可以形成几乎所有的其他颜色。最常见的 RGB 色彩空间是 sRGB，如图 6-5 所示。

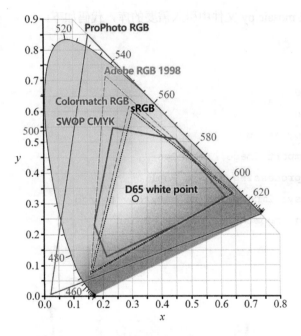

图 6-5　RGB 色彩空间

在自然环境下，图像容易受自然光、遮挡等情况的影响。也就是说，当人眼观察图像时，会对图像的亮度比较敏感。而 RGB 色彩空间的 3 个分量都与亮度密切相关，只要亮度改变，RGB 色彩空间的 3 个分量都会改变。人眼对 RGB 中 3 个通道的颜色的敏感度是不一样的。在单色中，人眼对红色最不敏感，对蓝色最敏感，所以 RGB 是一种均匀性较差的色彩空间。

由于 RGB 色彩空间不能很好地比较颜色之间的相似度，因此要使用 HSV 色彩空间。HSV 色彩空间由以下 3 个分量组成。

- Hue（色调）。
- Saturation（饱和度）。
- Value（明度）。

我们可以利用图 6-6 中的圆柱体来表示 HSV 色彩空间。

- H 用极坐标的极角表示。
- S 用极坐标的轴的长度表示。
- V 用圆柱的高度表示。

先导入必要的库，使用 Python 中的 pillow（PIL）库来处理图像，使用 numpy 包来计算数值。在 mosaic.py 文件中引入需要的库，代码如下：

```python
import os
import sys
import time
import math
import numpy as np
from PIL import Image, ImageOps
from multiprocessing import Pool
from colorsys import rgb_to_hsv, hsv_to_rgb
from typing import List, Tuple, Union
```

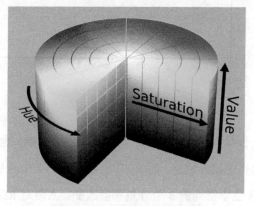

图 6-6 HSV 色彩空间圆柱体

上文提到，通过 HSV 色彩空间来比较图像颜色的相似度是比较好的。所以这里实现这样一个功能：导入一幅图像，计算出这幅图像的平均 HSV 值。

我们的思路是，首先遍历这幅图像的每一个像素点，获得每一个像素点的 RGB

值。然后通过 rgb_to_hsv() 函数，将 RGB 值转换为 HSV 值。最后分别计算 H（Hue）、S（Saturation）和 V（Saturation）的平均值。

因为需要对素材图像和待转换的图像计算 HSV 平均值，所以创建一个父类 mosaic，包含一个计算图像 HSV 平均值的方法，后续可以继承这个类。因为后面会用到图像大小的转换，所以在这个类中定义一个函数 resize_pic()。

```python
class mosaic(object):
    """定义计算图像的 HSV 平均值"""
    def __init__(self, IN_DIR: str, OUT_DIR: str, SLICE_SIZE: int, REPATE: int,
                 OUT_SIZE: int) -> None:
        self.IN_DIR = IN_DIR              # 原始图像素材所在文件夹
        self.OUT_DIR = OUT_DIR            # 输出素材的文件夹
        self.SLICE_SIZE = SLICE_SIZE      # 缩放图像后的大小
        self.REPATE = REPATE              # 同一幅图像可以重复使用的次数
        self.OUT_SIZE = OUT_SIZE          # 输出最终图像的大小

    def resize_pic(self, in_name: str, size: int) -> Image:
        """转换图像大小"""
        img = Image.open(in_name)
        img = ImageOps.fit(img, (size, size), Image.ANTIALIAS)
        return img

    def get_avg_color(self, img: Image) -> Tuple[float, float, float]:
        """计算图像的 HSV 平均值"""
        width, height = img.size
        pixels = img.load()
        if type(pixels) is not int:
            data = []                      # 存储图像的像素值
            for x in range(width):
                for y in range(height):
                    cpixel = pixels[x, y]  # 获取每一个像素值
                    data.append(cpixel)
            h = 0
            s = 0
```

```
        v = 0
        count = 0
        for x in range(len(data)):
            r = data[x][0]
            g = data[x][1]
            b = data[x][2]              # 获取一个点的 GRB 值
            count += 1
            hsv = rgb_to_hsv(r / 255.0, g / 255.0, b / 255.0)
            h += hsv[0]
            s += hsv[1]
            v += hsv[2]

        hAvg = round(h / count, 3)
        sAvg = round(s / count, 3)
        vAvg = round(v / count, 3)

        if count > 0:                   # 像素点的个数大于 0
            return (hAvg, sAvg, vAvg)
        else:
            raise IOError("读取图像数据失败")
    else:
        raise IOError("PIL 读取图像数据失败")
```

把素材图像都下载并解压到 images 文件夹中。由于素材图像的大小是不同的，为了方便生成图像，先对原始素材图像进行一次处理，主要包含以下两部分。

- 使用 resize_pic()函数将原始素材图像转换为统一的格式。
- 计算转换后的图像的 HSV 平均值，并将其作为新的文件名进行保存。

总体来说，首先遍历整个素材文件夹，对文件夹中的每一幅图像进行大小转换和计算 HSV 平均值。然后将新的图像保存在 OUT_DIR 文件夹中。代码如下：

```
class create_image_db(mosaic):
    """创建所需要的数据"""
    def __init__(self, IN_DIR: str, OUT_DIR: str, SLICE_SIZE: int,
REPATE: int,
            OUT_SIZE: int) -> None:
        super(create_image_db, self).__init__(IN_DIR, OUT_DIR,
```

```
SLICE_SIZE,

                                        REPATE, OUT_SIZE)


    def make_dir(self) -> None:
        # 没有创建文件夹
        os.makedirs(os.path.dirname(self.OUT_DIR), exist_ok=True)


    def get_image_paths(self) -> List[str]:
        """获取文件夹中图像的地址"""
        paths = []
        suffixs = ['png', 'jpg']
        for file_ in os.listdir(self.IN_DIR):
            suffix = file_.split('.', 1)[1]        # 获取文件后缀
            if suffix in suffixs:                  # 通过后缀判断是否是图像
                paths.append(self.IN_DIR + file_)  # 添加图像路径
            else:
                print("非图像:%s" % file_)
        if len(paths) > 0:
            print("一共找到了%s" % len(paths) + "幅图像")
        else:
            raise IOError("未找到任何图像")


        return paths


    def convert_image(self, path):
        """转换图像大小，同时计算一幅图像的 HSV 平均值"""
        img = self.resize_pic(path, self.SLICE_SIZE)
        color = self.get_avg_color(img)
        img.save(str(self.OUT_DIR) + str(color) + ".png")


    def convert_all_images(self) -> None:
        """将所有图像进行转换"""
        self.make_dir()
        paths = self.get_image_paths()
        print("正在生成马赛克块...")
```

```
        pool = Pool()                                    # 多进程处理
        # 对已有的图像进行处理，转换为对应的色块
        pool.map(self.convert_image, paths)
        pool.close()
        pool.join()
```

运行上述代码之后，会在当前文件夹下生成一个 outputImages 文件夹。该文件夹中的文件是经过处理之后的图像，所有图像的大小都是相同的，同时图像的名称被更改为图像的 HSV 平均值。

在有了处理好的素材图像之后，下面就开始生成马赛克图像，其操作流程如下。

- 遍历生成的素材文件夹，获取该文件夹中所有图像的 HSV 平均值，保存在一个 listy 文件夹中。
- 将原始图像分为一个个小块，计算每一个小块的 HSV 平均值。
- 在 list 文件夹中，找到与这个小块的 HSV 平均值最接近的那幅图像，并用此图像替换这个小块。
- 依次对所有图像进行上述操作，这样就可以利用素材图像生成一幅新图像。
- 通过 Image.blend()函数将生成的图像与原始图像重叠。

代码如下：

```
class create_mosaic(mosaic):
    """创建马赛克图像"""
    def __init__(self, IN_DIR: str, OUT_DIR: str, SLICE_SIZE: int,
REPATE: int,
             OUT_SIZE: int) -> None:
        super(create_mosaic, self).__init__(IN_DIR, OUT_DIR,
SLICE_SIZE, REPATE,
                                      OUT_SIZE)

    def read_img_db(self) -> List[List[Union[float, int]]]:
        """读取所有的图像"""
        img_db = []  # 存储color_list
        for file_ in os.listdir(self.OUT_DIR):
            if file_ == 'None.png':
```

```
            pass
        else:
            file_ = file_.split('.png')[0]       # 获取文件名
            file_ = file_[1:-1].split(',')        # 获取 HSV 三个值
            file_ = [float(i) for i in file_]
            file_.append(0)                        # 最后一位用于计算图像的使用次数
            img_db.append(file_)
    return img_db


def find_closiest(self, color: Tuple[float, float, float],
                list_colors: List[List[Union[float, int]]]) -> str:
    """寻找与像素块颜色最接近的图像"""
    FAR = 10000000
    # list_colors 是图像库中所有图像的平均 HSV 颜色
    for cur_color in list_colors:
        n_diff = np.sum((color - np.absolute(cur_color[:3]))**2)
        if cur_color[3] <= self.REPATE:    # 同一幅图像的使用次数不能太多
            if n_diff < FAR:                 # 修改最接近的颜色
                FAR = n_diff
                cur_closer = cur_color
    cur_closer[3] += 1
    return "({}, {}, {})".format(cur_closer[0], cur_closer[1],
                        cur_closer[2])    # 返回 HSV 颜色


def make_puzzle(self, img: str) -> bool:
    """制作拼图"""
    img = self.resize_pic(img, self.OUT_SIZE) # 读取图像并修改图像大小
    color_list = self.read_img_db()            # 获取所有颜色的列表

    width, height = img.size                   # 获取图像的宽度和高度
    print("Width = {}, Height = {}".format(width, height))
    # 创建一个空白的背景，并填充图像
    background = Image.new('RGB', img.size,
                        (255, 255, 255))
    total_images = math.floor(
```

```python
        # 需要多少幅小图像
        (width * height) / (self.SLICE_SIZE * self.SLICE_SIZE))
    now_images = 0                          #计算完成度
    for y1 in range(0, height, self.SLICE_SIZE):
        for x1 in range(0, width, self.SLICE_SIZE):
            try:
                # 计算图像的当前位置
                y2 = y1 + self.SLICE_SIZE
                x2 = x1 + self.SLICE_SIZE
                # 截取图像的一小块，并计算 HSV 平均值
                new_img = img.crop((x1, y1, x2, y2))
                color = self.get_avg_color(new_img)
                # 找到最相似颜色的图像
                close_img_name = self.find_closiest(color, color_list)
                close_img_name = self.OUT_DIR + str(
                    close_img_name) + '.png'        # 获取图像的地址
                paste_img = Image.open(close_img_name)
                # 计算完成度
                now_images += 1
                now_done = math.floor((now_images / total_images) * 100)
                r = '\r[{}{}]{}%'.format("#" * now_done,
                                        " " * (100 - now_done), now_done)
                sys.stdout.write(r)
                sys.stdout.flush()
                background.paste(paste_img, (x1, y1))
            except IOError:
                print('创建马赛克块失败')
    # 保持最后的结果
    background.save('out_without_background.jpg')
    img = Image.blend(background, img, 0.5)
    img.save('out_with_background.jpg')
    return True
```

这里的参数 REPATE 表示每一幅图像最多可重复使用的次数。如果有足够多的图像，则可以将 REPATE 的值设置为 1，此时每一幅图像只能使用一次。

下面编写 main()主函数，代码如下：

```
if __name__ == "__main__":
    filePath = os.path.dirname(os.path.abspath(__file__))   # 获取当前
的路径
    start_time = time.time()                  # 记录代码总共运行了多长时间
    # 创建马赛克块，创建素材库
    createdb = create_image_db(IN_DIR=os.path.join(filePath,
'images/'),
                               OUT_DIR=os.path.join(filePath,
'outputImages/'),
                               SLICE_SIZE=100,
                               REPATE=20,
                               OUT_SIZE=5000)
    createdb.convert_all_images()
    # 创建拼图 (这里使用绝对路径)
    createM = create_mosaic(IN_DIR=os.path.join(filePath,
'images/'),
                            OUT_DIR=os.path.join(filePath,
'outputImages/'),
                            SLICE_SIZE=100,
                            REPATE=20,
                            OUT_SIZE=5000)
    out = createM.make_puzzle(img=os.path.join(filePath,
'Zelda.jpg'))
    # 打印时间
    print("耗时: %s" % (time.time() - start_time))
    print("已完成")
```

图 6-7 所示为原始图像与马赛克拼图效果对比

　　我们通过放大图像可以看到，马赛克拼图是由多幅小图像组成的。有一些图像被重复使用，通过设置 REPATE 的值来控制图像重复使用的次数。由于素材图像比较少，因此 REPATE 的值设置得比较大。这样就能使用 Python 制作马赛克拼图了。

图 6-7　原始图像与马赛克拼图效果对比

应用场景 6：医疗保健

计算机视觉应用于医疗保健行业成为一个新的趋势，其中图像用于识别和预测患者的诊断，提高诊断的准确性。图像被拍摄并上传到系统中，通过计算机算法进行分析，以优化医疗诊断，如预测心律失常的孕妇在分娩期间可能失血多少。

计算机视觉允许医生和医护人员将更多时间花费在患者的护理上，而将更少的时间花费在分析图像上，以预测特定预后可能发生的事情。医疗保健中的计算机视觉还可以将耗时且烦琐的任务转移到机器上，使临床医生能够为患者提供更好的护理，从而提高患者治疗效果，且降低护理服务的成本。

由于 90%的医学数据是基于图像生成的，因此计算机视觉在医学中的应用也非常广泛，如启用新的医学诊断手段来分析 X 光、乳房 X 线筛查或其他医学影像，监测患者以便提前发现问题辅以手术治疗。期待医疗机构、专家和患者都能从这项术中受益，日后在医疗保健领域也得到更多推广。

近年来，医疗保健行业越来越多地利用计算机视觉技术来改善患者预后并提高效率。

计算机视觉在医疗保健中的一个主要应用是分析扫描图像，这样既可以检测个人的异常情况，也可以识别数千次扫描的模式，为医生提供有关某种疾病的信息。计算机视觉通常能够注意到人眼无法识别的模式，如有些癌细胞外观的细微差异只能通过计算机视觉和人工智能分析检测到。

一项关于乳腺癌筛查的研究结果表明，利用视觉人工智能系统在乳腺 X 光片中寻找乳腺癌迹象时比放射科医生表现出更高的准确性，从而减少了假阳性和假阴性的数量。

例如，英国和欧盟批准名为 PANProfiler 的乳腺癌诊断技术已经在卫生服务机构临床进行了应用。该技术可以在 15 分钟内提供初始图像的诊断读数，准确性可与需要数周才能完成的实验室检测方法相媲美，并提供了一种比传统检测更快、更便宜的替代方案。

　　计算机视觉也被用来预防医疗事故的发生。例如，利用计算机视觉驱动的摄像头可以检测医生在手术过程中将消毒工具或异物留在患者体内的时间，随后通知他们将其取出。

第7章

图像美颜

学习目标

- 了解空域滤波的基础知识。
- 了解美颜的算法原理。
- 掌握滤波处理相关函数的使用方法。

7.1　项目介绍

随着视频类 APP 的流行，美颜技术的应用也变得越来越广泛。美颜是指对图片中的人脸进行美化。在图片类、短视频类和直播类的 APP 中都具有美颜功能。在图片类 APP 中，具有代表性的是美图秀秀，利用美颜技术对人像进行美容；在短视频类 APP 中，具有代表性的是抖音和快手，使用这类 APP 在录制短视频时，具有美颜、化妆等功能；在直播类 APP 中，具有代表性的是映客和 YY，当主播进行直播时可以使用这类 APP 中的美颜技术。美颜涉及的技术包括人脸检测、人脸关键点定位、瘦脸、磨皮、美白等。本项目主要介绍美颜中的磨皮技术，其主要技术采用的是图像处理中的图像滤波算法。

7.2　空域滤波理论基础

空域滤波是基于邻域处理的增强算法，是一种直接对图像进行处理的算法，即对每一个像素的灰度值进行处理。它应用模板对每个像素与其周围邻域的所有像素进行数学运算得到该像素的灰度值，新的灰度值不仅与该像素的灰度值有关，还与其邻域内的像素的灰度值有关。

空域滤波是在图像空间通过邻域操作完成的，常用的运算是模板运算，基本思路是将某个像素的值作为它本身的灰度值与其相邻像素灰度值的函数。

模板可以看作 $n×n$ 的小图像，最基本的尺寸为 3×3，更大的尺寸如 5×5、7×7，常用的是卷积模板，其基本步骤如下。

（1）将模板在待滤波图像上滑动，并将模板中心与图像中某个像素位置重合。

（2）将模板上的各个像素与模板下的各对应像素的灰度值相乘。

（3）将所有乘积相加（为保持图像的灰度值范围，经常将灰度值除以模板中像素的个数），并将得到的结果作为图像中对应模板中心位置的像素值。

当使用卷积模板时，经常会碰到边界问题：当处理图像边界像素时，卷积模板与图像使用区域不能匹配，如果卷积核的中心与边界像素点对应，卷积运算就会出现问题。常用的解决方法如下。

（1）忽略边界像素，即处理后的图像将丢掉这些像素。

（2）保留原边界像素，即将边界像素复制到处理后的图像中。

借助模板进行空域滤波，可使原始图像转换为增强图像。模板系数不同，会得到不同的增强效果，从处理效果上可以把空域滤波分为平滑滤波和锐化滤波。

平滑滤波能减弱或消除图像中高频率的分量，但不会影响低频率的分量。因为高频分量的区域是具有较大灰度值、变化较快的区域。平滑滤波将这个分量滤除后可以减少局部灰度的起伏，使图像变得平滑，常用于模糊处理和减小噪声。平滑滤波分为线性平滑滤波和非线性平滑滤波。

- 线性平滑滤波所用的卷积模板均为正数，分为邻域平均和加权平均。
- 非线性平滑滤波可在消除图像中噪声的同时较好地保持图像的细节。

锐化滤波能减弱或消除图像中低频率的分量，但不会影响高频率的分量。因为低频率的分量对应图像中灰度值缓慢变化区域，因而与图像的整体特性（如对比度和平均灰度值）有关。锐化滤波能增加图像的反差，边缘明显，可用于增强图像中被模糊的细节或景物边缘。

在 OpenCV 中，滤波处理函数主要包括均值滤波、方框滤波、高斯滤波、中值滤波、双边滤波等。其中，方框滤波、均值滤波、高斯滤波均为线性滤波；中值滤波、双边滤波均为非线性滤波。

7.2.1 均值滤波

均值滤波是将当前像素周围像素点的像素平均值作为当前像素点的像素值。均值滤波采用 blur() 函数完成，其语法格式为：

```
void cv::blur (
          InputArray src,
          OutputArray  dst,
          Size ksize,
          Point anchor=Point(-1,-1),
          int borderType=BORDER_DEFAULT )
```

其中，

- src：要进行滤波处理的原始图像，能够被独立处理。深度必须是 CV_8U、CV_16U、CV_16S、CV_32F、CV_64F 中的一种。
- dst：均值滤波后的图像，与原始图像具有相同的类型和大小。
- ksize：均值滤波核的大小。
- anchor：锚点，默认值为（-1,-1），表示锚点位于核的中心点。
- borderType：边界样式，默认值为 BORDER_DEFAULT，其说明如表 7-1 所示。

表 7-1　borderType 值的类型及其说明

类　型	说　明
BORDER_CONSTANT	iiiiii|abcdefgh|iiiiiii
BORDER_REPLICATE	aaaaa|abcdefgh|hhhhhhh
BORDER_REFLECT	fedcba|abcdefgh|hgfedcb
BORDER_WRAP	cdefgh|abcdefgh|abcdefg
BORDER_REFLECT_101	gfedcb|abcdefgh|gfedcba
BORDER_TRANSPARENT	uvwxyz|abcdefgh|ijklmmo
BORDER_REFLECT101	与 BORDER_REFLECT_101 相同
BORDER_DEFAULT	与 BORDER_REFLECT_101 相同

通常，图像在滤波时采用的处理为：选取当前像素点周围的若干个像素点的平均值。例如，选取 ksize 为 Size(3,3)，当前像素点的值为自身及其周围共计 9 个像素点的像素平均值时，采用的滤波模板如下。

$$K = \frac{1}{3 \times 3} \begin{bmatrix} 1 & 1 & 1 \\ 1 & 1 & 1 \\ 1 & 1 & 1 \end{bmatrix}$$

例如，有一个像素点的值为 80，其周围的像素点如图 7-1 所示。

75	193	37
121	80	189
45	94	232

图 7-1　像素点示例

如果对其进行均值滤波，则滤波值的计算方法如下。

Value=（75+193+37+121+80+189+45+94+232）/9=118

得到当前的新值为 118。

7.2.2　方框滤波

方框滤波也将周围像素点的平均值作为当前像素点的像素值，采用 boxFilter() 函数完成，其语法格式为：

```
void cv::boxFilter (

                    InputArray src,

                    OutputArray dst,

                    int ddepth,

                    Size ksize,

                    Point anchor=Point(-1,-1),

                    bool normalize=true,

                    int borderType=BORDER_DEFAULT )
```

其中，

- src：要进行滤波的原始图像。
- dst：方框滤波后的图像，与原始图像具有相同的类型和大小。
- ddepth：方框滤波后的图像深度，如果该值为-1，则表示与原始图像具有相同的深度。
- ksize：方框滤波核的大小。
- anchor：锚点，默认值为（-1,-1），表示锚点位于核中心点。
- normalize：标记值，标记是否使用当前的核进行归一化处理。
- borderType：边界样式，默认值为 BORDER_DEFAULT（见表 7-1）。

方框滤波函数所使用的滤波核为：

$$K = \propto \begin{bmatrix} 1 & 1 & 1 & \dots & 1 & 1 \\ 1 & 1 & 1 & \dots & 1 & 1 \\ \dots & \dots & \dots & \dots & \dots & \dots \\ 1 & 1 & 1 & 1 & 1 & 1 \end{bmatrix}$$

其中，

$$\propto = \begin{cases} 1/(\text{ksize.width} \times \text{ksize.height}) & \text{normalize=true} \\ 1 & \text{其他} \end{cases}$$

通过上述公式可以看出，当 normalize 的值为 true 时，方框滤波就是均值滤波。

7.2.3 高斯滤波

均值滤波中每个像素点的权值是一致的，而高斯滤波中，将中心点的权值加大，远离中心点的权值减小，最后取得当前点的像素值。例如，其模板为：

$$K = \frac{1}{(1+2+1+2+4+2+1+2+1)}\begin{bmatrix} 1 & 2 & 1 \\ 2 & 4 & 2 \\ 1 & 2 & 1 \end{bmatrix}$$

高斯滤波采用 GaussianBlur()函数完成，其语法格式为：

```
void cv::GaussianBlur (
                    InputArray src,
                    OutputArray dst,
                    Size ksize,
                    double sigmaX,
                    double sigmaY=0,
                    int borderType=BORDER_DEFAULT )
```

其中，

- src：要进行滤波的原始图像，能够被独立处理。深度必须是 CV_8U、CV_16U、CV_16S、CV_32F、CV_64F 中的一种。
- dsh：高斯滤波后的图像，与原始图像具有相同的类型和大小。
- ksize：高斯滤波核的大小。核的宽度和高度可以不相同，但是它们必须都是正奇数。如果其值为 0，则 ksize 的值通过 sigma 计算得到。
- sigmaX：高斯滤波核在 x 轴方向的标准偏差。
- sigmaY：高斯滤波核在 y 轴方向的标准偏差。当 sigmaY 的值为 0 时，表示获取与 sigmaX 相同的值；当 sigmaX 的值和 sigmaY 的值都为 0 时，表示它们是通过 ksize.width 和 ksize.height 计算得到的。为了保证高斯滤波能正常进行，最好将 ksize、sigmaX、sigmaY 进行显式赋值。
- borderType：边框样式，默认值为 BORDER_DEFAULT（见表 7-1）。

高斯滤波采用 getGaussianKernel()函数完成，其语法格式为：

```
Mat cv::getGaussianKernel(
                    int      ksize,
                    double   sigma,
                    int      ktype = CV_64F )
```

该函数用来产生高斯滤波器的系数。

其中，

- ksize：高斯滤波核的大小，它应该是正奇数。
- sigma：高斯标准偏差。如果不是正数，则通过 0.3×（（ksize-1）×0.5-1）+0.8 计算得到。
- ktype：高斯滤波器系数，可以是 CV_32F 类型或 CV_64F 类型。

7.2.4 中值滤波

中值滤波是取当前像素点及其周围临近像素点总共奇数个像素点，先将这些像素点排序，再将位于中间位置的值作为当前像素点的像素值。例如，当前像素点是像素值为 78 且位于图像中间的点，其周围像素点分布如下。

$$\begin{bmatrix} 97 & 95 & 94 \\ 93 & 78 & 90 \\ 66 & 91 & 101 \end{bmatrix}$$

将上述像素排序后得到[66,78,90,91,93,94,95,97,101]，该序列中处于中心位置（中心点、中值点）的值是"93"，因此用"93"这个值替换原来的像素值"78"，并作为当前点的新像素值。得到：

$$\begin{bmatrix} 97 & 95 & 94 \\ 93 & 93 & 90 \\ 66 & 91 & 101 \end{bmatrix}$$

中值滤波采用 medianBlur()函数完成，其语法格式为：

```
void cv::medianBlur (
                InputArray src,
                OutputArray dst,
                int ksize)
```

其中，

- src：要进行滤波的原始图像。可以是 1、3、4 通道的图像，当 ksize 的值为 3 或 5 时，图像深度应该是 CV_8U、CV-16U 或 CV_32F。对于大尺寸图像，图像深度只能是 CV-8U。

- dst：中值滤波后的图像，与原始图像具有相同的类型和大小。
- ksize：中值滤波核的大小，必须是大于 1 的奇数，如 3、5、7 等。

7.2.5 双边滤波

双边滤波是指有两种因素影响滤波，一种是空间距离，另一种是颜色差值范围。空间距离决定距离当前像素多远的像素能够影响当前滤波；颜色差值范围是指在当前指定空间范围内，与当前颜色的差值在多少范围内能够影响当前滤波的结果。

因此，在双边滤波函数中存在两个参数，一个用于控制当前滤波的距离，另一个用于控制影响当前滤波的颜色差值（值域滤波）。

双边滤波采用 bilateralFilter()函数完成，其语法格式为：

```
void cv::bilateralFilter (
                         InputArray src,
                         OutputArray dst,
                         int d,
                         double sigmaColor,
                         double sigmaSpace,
                         int borderType=BORDER_DEFAULT )
```

其中，

- src：要进行滤波的原始图像，图像为 8 位或浮点型单通道、三通道。
- dst：双边滤波后的图像，与原始图像具有相同的类型和大小。
- d：在滤波时选取的空间距离参数，这里表示以当前像素点为中心点的直径。如果该值为非正数，则自动从参数 sigmaSpace 计算得到。如果滤波空间较大（d>5），则计算速度会较慢。因此，在实际应用中，推荐 d=5。对于较大噪声的离线滤波，可以设置 d=9。
- sigmaColor：在滤波时选取的颜色差值范围，该值决定了周围哪些像素点能够参与到滤波计算中。只有与当前像素点的像素值差值小于 sigmaColor 的像素点，才能够参与到当前的滤波计算中。该值越大，说明可能周围有越多的像素点参与到运算中。当该值为 0 时，表示滤波失去意义；当该值为 255 时，表示指定直径内所有像素点都能够参与运算。

- sigmaSpace：坐标空间中的 sigma 值。它的值越大，说明有越多的像素点能够参与到滤波计算中。当 d>0 时，表示指定的参数与 sigmaSpace 无关；否则，指定的参数与 d 的值成正比。

关于 sigma 的值，为了简单起见，可以将两个 sigma 的值设置为相同的。如果它们比较小（如小于 10），则滤波的效果不太明显；如果它们的值较大（如大于 150），则滤波效果比较明显，会产生卡通效果。

7.3　项目实现

微课：美颜

本节介绍可交互的图像美颜系统的细节。

7.3.1　代码框架

实现一个可交互的图像美颜功能的代码框架需要如下几个模块。
- 读取图像模块。
- 界面交互模块，用于设置参数。
- 美颜算法模块。
- 显示图像模块。

可交互的图像美颜的代码框架如图 7-2 所示。

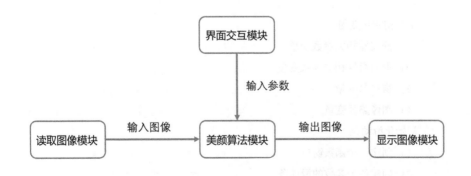

图 7-2　可交互的图像美颜的代码框架

从图 7-3 中可以发现，模特脸上有一些雀斑，希望通过美颜算法删除雀斑。从图像处理角度来看待雀斑，其实雀斑就是前文提到的高频信息。因此，我们可以利用平滑滤波过滤雀斑。

图 7-3　原始图像

7.3.2　代码实现

1. 基于 blur()函数的美颜算法实现

```
import cv2
import numpy as np
'''
    1．定义初始化变量
        1）滤波器相关参数变量
        2）滑动组件相关参数变量
        3）窗口名变量
        4）图像路径变量
    2．初始化滑动条
        1）创建一个函数窗口
        2）创建各个参数的滑动条
    3．实现滑动条的回调函数
        1）从滑动条中获取当前各个参数的对应值
```

2）调用美颜函数

4. 实现美颜函数

'''

```python
class Beautify:
    def __init__(self, image_path=None):
        # 初始化参数
        self._bar_value_d = 0
        self._bar_value_sigmaColor = 0
        self._bar_value_sigmaSpace = 0
        self._win = "beautify"
        self._bar_name_ksize = 'kszie'
        self._src_image = None
        self._dst_image = None
        self._image_path = image_path

    def _setBarConfig(self):
        """ 滑动条配置函数 """
        # 为不同滤波参数创建滑动条
        cv2.namedWindow(self._win)
        cv2.createTrackbar(self._bar_name_ksize, self._win, 2, 7,
self._callback)

    def _callback(self, input):
        """ 滑动条回调函数 """
        # 从对应滑动条获取对应的参数值
        self._bar_value_ksize =
cv2.getTrackbarPos(self._bar_name_ksize, self._win)
        self._beautify()

    def _beautify(self):
        """ 美颜函数 """
        cv2.blur(self._src_image, (self._bar_value_ksize,
self._bar_value_ksize), self._dst_image)

    def run(self):
        """ 美颜算法流程运行函数 """
        # 实现美颜算法流程
        # code #
        self._src_image = cv2.imread(filename=self._image_path,
flags=cv2.IMREAD_COLOR)
```

```
        self._dst_image = self._src_image.copy()
        self._setBarConfig()
        while True:
            cv2.imshow(self._win, np.hstack((self._src_image,
self._dst_image)))
            if cv2.waitKey(1) == ord('q'):
                break
        cv2.destroyAllWindows()
if __name__ == '__main__':
    '''
    1 image1
    '''
    beautify = Beautify('image1.jpg')
    beautify.run()
```

美颜效果如图 7-4 所示。

图 7-4 美颜效果（1）

2. 基于 bilateralFilter()函数的美颜算法实现

```
import cv2
import numpy as np
'''
    1. 定义初始化变量
        1）滤波器相关参数变量
        2）滑动组件相关参数变量
```

3）窗口名变量

4）图片路径变量

2．初始化滑动条

1）创建一个函数窗口

2）创建各个参数的滑动条

3．实现滑动条的回调函数

1）从滑动条中获取当前各个参数的对应值

2）调用美颜函数

4．实现美颜函数

'''

```python
class Beautify:
    def __init__(self, image_path=None):
        # 初始化参数
        self._bar_value_d = 0
        self._bar_value_sigmaColor = 0
        self._bar_value_sigmaSpace = 0
        self._win = "beautify"
        self._bar_name_d = 'd'
        self._bar_name_sigmaColor = 'Color'
        self._bar_name_sigmaSpace = 'Space'
        self._src_image = None
        self._dst_image = None
        self._image_path = image_path
    def _setBarConfig(self):
        """ 滑动条配置函数 """
        # 为不同滤波参数创建滑动条
        cv2.namedWindow(self._win)
        cv2.createTrackbar(self._bar_name_d,   self._win, 0, 30,
self._callback)
        cv2.createTrackbar(self._bar_name_sigmaColor,   self._win,
0, 50, self._callback)
        cv2.createTrackbar(self._bar_name_sigmaSpace,   self._win,
0, 20, self._callback)
    def _callback(self, input):
        """ 滑动条回调函数 """
        # 从对应滑动条获取对应的参数值
        self._bar_value_d = cv2.getTrackbarPos(self._bar_name_d,
```

```
self._win)
        self._bar_value_sigmaColor =
cv2.getTrackbarPos(self._bar_name_sigmaColor, self._win)
        self._bar_value_sigmaSpace =
cv2.getTrackbarPos(self._bar_name_sigmaSpace, self._win)
        self._beautify()
    def _beautify(self):
        """ 美颜函数 """
        cv2.bilateralFilter(self._src_image, self._bar_value_d,
self._bar_value_sigmaColor, self._bar_value_sigmaSpace,
                            dst=self._dst_image)


    def run(self):
        """ 美颜算法流程运行函数 """
        # 实现美颜算法流程
        # code #
        self._src_image = cv2.imread(filename=self._image_path,
flags=cv2.IMREAD_COLOR)
        self._dst_image = self._src_image.copy()
        self._setBarConfig()
        while True:
            cv2.imshow(self._win, np.hstack((self._src_image,
self._dst_image)))
            if cv2.waitKey(1) == ord('q'):
                break
        cv2.destroyAllWindows()
  if __name__ == '__main__':
    '''
        1 image1
    '''
    beautify = Beautify('image1.jpg')
    beautify.run()
```

美颜效果如图 7-5 所示。

在进行参数调试时需要注意的是，当 sigma 的值越小时，画面越清晰；当 sigma 的值越大时，画面越模糊；当 sigma 的值大到极限时，变为值域滤波（阈值化）。当

colorSigma 的值越小时，边缘越清晰；当 colorSigma 的值越大时，边缘越模糊；当 colorSigma 的值大到极限时，变为高斯滤波。如果 spaceSigma 的值小于 colorSigma 的值，则说明卷积核更强调距离中心点近的像素点。如果 spaceSigma 的值大于 colorSigma 的值，则说明卷积核更强调与中心点颜色接近的像素点。

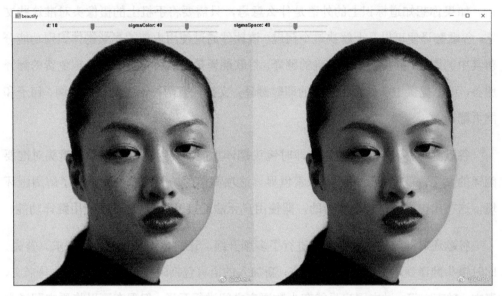

图 7-5　美颜效果（2）

应用场景 7：谷歌翻译

如果你想知道标识上的外语是什么意思，只需要将手机上的摄像头对准这些文字，谷歌翻译便可以马上解决这个问题。该软件通过使用内部的光学物体识别功能分辨其中的图片，并提供一个准确的翻译。谷歌翻译是谷歌公司提供的一项免费的翻译服务，可以提供 109 种语言之间的即时翻译，支持任意两种语言之间的字词、句子和网页翻译。

谷歌翻译移动版应用程序的即时镜头翻译功能，使用户只要将手机镜头对准要翻译的文字，就能以惯用语言探索世界。这项简单的功能可以协助用户了解周围环境，这在出国旅游时特别有帮助，即使用户无法连接 Wi-Fi，仍然能使用翻译功能。

谷歌还对即时镜头翻译功能进行了多项升级，让它更实用且更符合需求。首先，即时镜头翻译新增了超过 60 种语言，新加入的语言包括阿拉伯文、印度文、马来文、泰文、越南文等。过去用户只能在少数语言之间进行互译，但现在可以将原文翻译为谷歌翻译支持的 100 多种语言。

在国外旅游时，使用即时镜头翻译功能的首要挑战是判断待翻译文字的语言。谷歌翻译软件可以解决这个问题。用户可以选择"侦测语言"作为原文语言，谷歌翻译应用程序将会自动侦测语言并进行翻译。

此外谷歌指出，最新的神经机器翻译技术首次嵌入了即时镜头翻译功能，让翻译结果更准确、更自然。除了在特定语言组合中能将翻译的错误率减小了 55%～85%，用户还可在谷歌翻译应用程序中下载大部分语言套件，安装语言套件后，即使装置没有连接互联网仍可使用。如果将装置连接互联网，那么用户能享受更高品质的翻译。

谷歌表示，新版即时镜头翻译功能也有新的接口，让用户在使用上更便捷。过去用户也许会注意到谷歌翻译的文字在手机屏幕上可能会闪烁，因此难以阅读。即时镜头翻译功能全新接口直接在谷歌翻译应用程序画面下方呈现三大翻译功能，包括将手机镜头对准欲翻译的文字进行即时镜头翻译；在谷歌翻译应用程序中拍摄欲翻译的文字，并手动选出想翻译的段落；在谷歌翻译应用程序中翻译相簿中照片的文字。

第8章

人脸检测

学习目标

- 了解人脸检测算法。
- 了解目标检测任务与特征工程。
- 了解 AdaBoost 级联分类器。
- 掌握 OpenCV 中的人脸检测算法。

8.1 项目介绍

在计算机视觉中，人脸检测一直是一个热门的方向，它在安防监控、人证比对、人机交互、社交娱乐等方面都有非常广泛的应用和极高的商业价值。人脸检测属于目标检测任务的一种，其算法目的是找出图像中所有的人脸对应的位置。该算法输出的是人脸外接矩形在图像中的坐标（一些算法还会输出倾斜角度等信息）。

许多经典算法都可用于实现人脸检测。从其发展历史来看，人脸检测算法主要经历了由早期算法、集成算法、深度学习算法主导的 3 个阶段。人脸检测的早期算法的核心思想是模板匹配，即在图像中划分比对区域并使用匹配算法查验所划区域内是否有符合要求的目标。集成算法是指将 PAC（Probably Approximately Correct，概率近似正确）学习理论运用到分类器构建中的算法，在这个阶段中，人脸检测的算法核心主要集中在如何通过集成弱分类器来加强强分类器对人脸的敏感度和识别精度。近年来，由于深度学习技术的发展，许多深度神经网络模型都被广泛应用于包括人脸检测在内的识别任务中并取得了不俗的效果，强大的数据驱动性和优良的模型泛化基础使得大部分成熟的深度学习模型都能在人脸识别任务中取得很好的应用效果。

本项目主要介绍 OpenCV 中人脸检测算法的原理与使用。在 OpenCV 中，人脸检测功能内置的是基于 Haar 特征的级联分类器，它是一种由多个弱分类器联合起来协作处理较为复杂的特征识别任务的强分类器，即人脸检测算法 3 阶段中的集成算法。它具有识别准确率高、运行成本较低、模型可解释性强等优点。

8.2　理论基础

想要深入了解人脸检测算法，我们需要分步对识别检测任务进行学习。下面先对计算机视觉领域的三类任务进行介绍，再对三类任务中的识别任务，也就是人脸检测算法的方法论与涉及的模型知识进行系统介绍。

8.2.1　计算机视觉任务与目标识别算法

微课：人脸检测 1　微课：人脸检测 2

根据输出目标的不同，人工智能中的计算机视觉任务主要被分为三类，即分类任务、分割任务与目标识别任务。分类任务（classification）要实现的目标是，针对输入图像输出相应的类别标签，输出值为连续的或离散的单个数值。分割任务（segmentation）要实现的目标是，针对输入图像输出同样尺寸的像素级别的掩膜（mask），其中掩膜帧中的单个像素都为对应图像像素的类别判定标签值。在一些情况下，我们也可以将图像分割理解为像素级的分类。目标识别任务（object detection）要实现的目标是，定位并判定目标类别，其输出一般为任务目标物体的位置坐标（常以矩形框形式表现）。由于目标识别任务的内容较为复杂，对输出的要求也较高，因此目标识别任务的算法是三类任务中最烦琐的。

在各类实验中，我们一般将目标识别算法分为两个步骤：先定位（或者说检测）目标区域，再对目标区域内的图形内容进行分类。即目标识别包括两个步骤，定位检测与目标分类。举例来说，给定一张含有猫（或狗）的图像，识别猫（或狗）的目标识别算法后，将定位并判定动物类别，最终标记出图像中所有的猫（或狗）。在此过程中，算法分为两个主要步骤：首先，定位到所有可能是目标物种的像素位置；然后，对定位区域内的像素图进行分类判定，是否为要求的类别。

下面详细介绍实现目标识别算法的两个步骤。

第一步，在识别算法中，检测到判定区域是第一步——目标定位。当下流行的识别算法中使用的检测分类子图像的方法包括滑动窗口（sliding window）、选择性搜索（selective search）、区域建议网络（region proposal network，RPN）等。OpenCV 使用的区域检测方法是滑动窗口方法，即全覆盖地遍历可能存在目标物体的像素区域，筛选出用于分类判定的子图像以供分类器判定和输出结果。滑动窗口（以下简称滑窗）方法包括以下 4 个要素。

- 滑窗尺寸（window size）：选定的滑窗尺寸决定了筛选区域的大小。在实战中，我们可以根据输入图像的像素尺寸和目标物体的大小来决定滑窗尺寸，也可以多设置几个不同尺寸的滑窗确保图像中不同像素尺寸的目标物体都能被检测到。

- 滑动步长（stride）：滑动步长是指滑窗遍历整幅图像时每次移动的距离。通常来说，步长要小于滑窗边长。步长越小滑窗移动速度越慢，相对应的遍历精度越高，计算量越大，算法运行时间越长。

- 候选区域（patch）：候选区域是指被滑窗选中的目标区域，在后续算法中将被纳入种类判定。

- 遍历：OpenCV 中的滑动窗口遍历遵循从左至右、从上至下的顺序。如图 8-1 所示，虚线框为滑窗前一刻的位置，实线框为滑窗当前步骤的位置。

图 8-1　滑动窗口算法示意图

总体来说，滑窗就是事先规定一个（或几个）固定大小的窗口，使这个窗口在输入图像时滑动，滑动到每个位置窗口与图像重合的部分就被视为一个待定的候选区域，检测出的候选区域将被输出并用于后续判定。如果图像尺寸很大，就会导致一幅图像能产生数量极多的待定区域。滑动窗口的尺寸设置需要与物体的尺寸相匹配才能带来好的效果，因此对于部分检测任务来说，滑动窗口方法的效率较低，不是首选检测算法。

第二步，使用基于滑窗的定位算法得到判定区域后，还需要判断候选区域中的内容是否为需要检测的目标，这时就需要用到分类算法。在目标识别算法中，候选区域将由分类器判定输出类别标签，最终标签符合筛选条件的区域以被矩形框框定的形式输出。

针对不同的分类任务，我们设计出了多种多样的分类算法。图像分类中常用的分类算法包括 k-近邻（k-nearest neighbor，KNN）、支持向量机（support vector machine，SVM）、卷积神经网络（convolutional neural network，CNN）等。通常分类算法的核心包括一个或多个分类器。由多个分类器耦合得到的分类器称为"集成分类器"。

8.2.2　Haar 特征与积分图

在 OpenCV 中，人脸检测算法使用了基于 Haar 特征的级联分类器。下面重点介绍 Haar 特征与积分图。

微课：人脸检测 3

为了使读者更好地了解 Haar 特征，在正式介绍它之前我们先建立对特征工程的基本概念。

从生活常识中我们可以归纳出一个经验性规律：不同的图像特征表达了不同的语义。比如，我们在看到有海平线的图像时，通过海天交接处颜色的变化来确定哪一部分是海洋，哪一部分是天空。在此场景中，海洋和天空视觉交接处像素点色值的变化就是一种图像特征，这种变化属于图像特征中的边缘特征。

常见的图像特征主要包括颜色特征、纹理特征、边缘特征和形状特征等。

颜色特征是一种全局特征，也是应用最为广泛的一种特征。颜色特征在语义上较为低级，通常无须复杂计算，只需将数字图像中的像素值进行相应转换，表现为数值即可。它具有复杂度低、计算简单的特点。颜色特征对应常用的工程统计方法为颜色直方图。

纹理特征也是一种全局特征，描述了图像或图像区域所对应景物的表面性质。纹理特征能够反映出图像中的同质现象。一般来说，纹理特征具有重复性和周期性，通过像素及其周围空间邻域的灰度分布来表现，结合其不同程度上的重复性就延展构成了全局纹理信息。纹理特征还具有旋转不变性，并且在一般情况下都具备较好的抗噪性。处理纹理特征时常用到的统计方法是灰度共生矩阵（Gray-level Co-occurrence Matrix，GLCM）。

边缘特征针对的是图像中有明显变化的边缘或不连续的区域，描述了图像中的分界或截断。应用边缘检测不仅计算较为简单，还可以极大地减少图像数据量，通过保留图像重要结构的方式留存图像特征信息。常见的边缘检测器有 sobel 算子和 canny 算子。

形状特征主要有两类，一类是轮廓特征，另一类是区域特征。图像的轮廓特征主要针对物体的外边界，而图像的区域特征则关系到整个形状区域。形状特征的表达必须以对图像中物体或区域的分割为基础。针对形状特征，计算机视觉有 SIFT 和 HOG 两种经典的算法。

在目标识别任务中，我们需要根据目标物体的不同定制提取目标种类的结构特征。其中，Haar 特征是一种适用于人脸结构的图像特征描述算子。在实际应用中，Haar 特征通常和 AdaBoost 分类器组合使用。由于 Haar 特征提取的实时性和 AdaBoost 分类器的高准确率，它们在人脸检测及一些其他识别领域被广泛应用，成为较为经典的算法之一。

Haar 特征分为边缘特征、线性特征、中心特征和对角线特征，这几种特征都有各自对应的特征模板。特征模板内有白色和黑色两种矩形，并定义该模板的特征值为白色矩形像素和减去黑色矩形像素和，如图 8-2 所示。

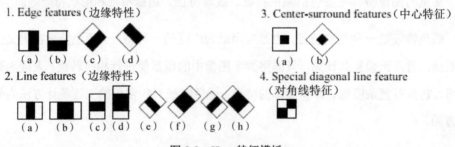

图 8-2　Haar 特征模板

根据 Haar 特征值定义可知，白色区域的权值为正值，黑色区域的权值为负值，且为了抵消两种矩形区域面积不相等造成的影响，设置权值与矩形区域的面积成反比，由此保证 Haar 特征值在灰度分布均匀的区域特征值趋近于零。由此，我们可以认为 Haar 特征值反映了图像灰度的局部变化并且可以提取与特征模板相似的图像特征（能被 Haar 特征模板提取的图像灰度特征又被称为"Haar-like 矩形特征"）。在人脸检测中，由于人像脸部的一些特征符合 Haar-like 矩形特征，如眼睛的颜色比其周围区域（脸颊）的颜色要深、鼻梁两侧的颜色比鼻梁的颜色要深、嘴巴的颜色比其周围的颜色要深等，因此利用 Haar 特征模板可以提取人脸形态中的一些关键信息，构造出人脸的特征集合并将它应用在判定人脸时的特征匹配上。

Haar 特征模板可以进行尺寸缩放，也可以运用在图像中的任意位置，所以 Haar 特征值最终的计算结果不仅与图像本身特征有关，也受到特征模板的类别、位置及大小 3 个因素的影响。在一张固定大小的图像中，利用不同的 Haar 矩形特征模板可以提取出大量的 Haar 特征。例如，对一张边长为 24 像素的正方形输入图像并提取 Haar 特征，最终得到矩形特征（值）的数量可以达到 16 万个，在这些特征值中，并不是每一个特征值都有明确的语义，大部分计算出的特征值都不能有效地概括输入图像的特征，因此我们需要在计算效率和筛选机制上进一步改进 Haar 特征模板，使它更适合针对人脸检测的算法。

针对这两个核心问题引入积分图，用于快速计算 Haar 矩形特征值，在此基础上使用 AdaBoost 分类器筛选出有效的矩形特征，用于分类识别特征匹配。

利用积分图计算 Haar 特征值能够有效地减少提取特征时不必要的重复计算。积分图的主要操作是，将图像的某个起始像素点到其余像素点之间所形成的矩形区域的像素值的和作为一个元素保存，也就是将原始图像转换为它的区域像素值积分图，这样在计算某一矩形区域的像素和时，只需要将矩形区域四个角坐标值作为索引调用积分图矩阵中对应的元素值，再按对应的 Haar 矩阵特征进行普通的加减运算就能得到 Haar 特征值，从而极大地降低了 Haar 特征值的计算难度。

【例 8-1】计算九宫格像素图对应的积分图矩阵（见图 8-3）。

图 8-3　例题图

根据积分图的定义，我们可以逐个计算出从像素图左上顶点到所有 9 个像素点的像素值之和，并得到此九宫格像素图对应的积分图矩阵。

- 从左上顶点到第一个像素点只有一个像素，其和即为像素点的值 1。

- 以此类推，从左上顶点到第一行第二个、第三个像素点的积分值分别为 1+4=5 和 1+4+8=13。

- 同理，从左上顶点开始可以得到第一列的积分值为 1、1+6=7、1+6+1=8。

- 以左上顶点到像素图中间像素值为 5 的像素为对角线确定的矩形有 4 个像素，其积分值为 1+4+6+5=16，右延得到自左上顶点至第二行最后一个像素点的积分值为 1+4+6+5+8+7=31 或 16+8+7=31，下延得到自左上顶点至第二列最后一个像素点的积分值为 1+4+6+5+1+2=19 或 16+1+2=19。

- 最后得到自左上顶点到右下顶点的积分值（同时是全局积分）为所有像素点值之和 43。

得到此九宫格像素图对应的积分图矩阵为 $\begin{bmatrix} 1 & 5 & 13 \\ 7 & 16 & 31 \\ 8 & 19 & 43 \end{bmatrix}$。由此例题，我们可以量化理解像素图对应的积分图矩阵计算方法。

8.2.3 AdaBoost 级联分类器

随着计算机视觉应用技术的发展，图像分类算法也越来越成熟和多样化。分类器的概念是，在一定的特征范围基础上拟合分类函数或构造出分类模型，从而输入新数据时能够判断其是否为所属类别。模型设置、训练数据和算法的差异都会导致分类模型最终的识别精度；针对不同的任务及目标，分类算法的侧重方向也有所不同。前文曾提到，OpenCV 中的人脸检测算法属于集成算法。

微课：人脸检测 4

通常来说，构造功能完善、智能程度高、识别较为精准的分类器需要复杂的建模设计和大量的数据支撑，这类分类器不仅对算法和数据都有较高要求，还存在泛化性差的问题。因此一种串行学习方法应运而生，其核心思想是通过耦合或嵌入多个不同的弱分类器来达到强分类器的分类效果，如此，既避免了海量数据需求，也避免了硬件限制。这种通过集成弱分类器来构造强分类器的方法被称为"Boosting 方法"。Boosting 方法的核心就是从弱学习算法出发，得到一系列弱分类器，然后组合弱分类器，得到一个强分类器。

在 OpenCV 中，人脸检测算法采用了 Boosting 方法中较为流行的模型 AdaBoost。下面详细介绍由 AdaBoost 构成的人脸检测分类器结构，如图 8-4 所示。

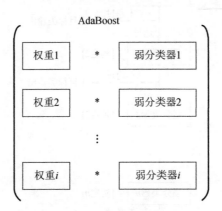

图 8-4 AdaBoost 分类器结构

AdaBoost 作为一个由多个弱分类器集成的强分类器，主要有如下特点。

- AdaBoost 集成了多个弱分类器，使用集成分类器不仅能够很好地综合各分类器的优点，也能有效提升检测的准确度。
- 弱分类器实现了特征的选择，在设计弱分类器时，仅考虑一维特征，在级联迭代中每轮迭代选择拟合误差最小的弱分类器作为本轮迭代主导分类器，其对应的维度就是该轮迭代选择的主特征。
- 通过足够次数的迭代，多个弱分类器最终构建为 AdaBoost 强分类器，自动实现特征选择。
- AdaBoost 既有二元分类也有多元分类，二元分类和多元分类的区别主要在弱分类器的系数设置上。
- AdaBoost 不仅能用于分类，也能用于回归，只需调整输出层。
- AdaBoost 分类精度高、构造简单、易于理解，并且可在集成框架下使用不同的分类器模型来构建弱分类器，较为灵活。

在 OpenCV 中，为了提高检测的精度和准确率，还采用了级联的方法联合几个 AdaBoost 强分类器来增强识别功能，如图 8-5 所示。每张输入图像都需要顺序通过几个强分类器，并在每个强分类器中都得到正向判定才会被最终确认为目标类，这就极大地降低了分类器的误检率。

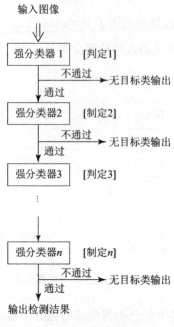

图 8-5 级联分类器

级联分类器的主要机制包括以下 3 点。

- 一票否决制。当一张待分类图像输入级联分类器时，需要获得级联的每个强分类器的肯定分类。当任意一个分类器输出判定为否时，此待定目标不再继续寻求类别判定，直接被认定为非目标类，即输入图像被分类为目标类需要获得所有强分类器的一致认定。

- 级联分类器每层的强分类器都由不同的弱分类器集成得到，每个强分类器之间互不干涉，具有独立的判断功能。

- 级联分类器可以综合各分类器的优势，降低误判率，每个强分类器都可以拥有不同阈值，可以人为设置部分或全部阈值以达到需要的判定效果。

8.2.4 人脸检测

微课：人脸检测 5　微课：人脸检测 6

OpenCV 中的人脸检测算法综合运用了滑动窗口、Haar 特征和级联 AdaBoost 分类器,其基本流程为先通过滑动窗口方法提取需要分类的候选区域,再利用 Haar 特征模板提取候选区域中的图像特征,最后使用级联的 AdaBoost 分类器对每个候选区域进行特征匹配。如果匹配得到的结果一致且为目标类,将此候选区域的坐标存储到答案集,否则直接进行下一个候选区域的匹配。当完成所有候选区域的检测后,输出包含所有检测到的人脸位置的答案集。人脸检测算法的流程如图 8-6 所示。

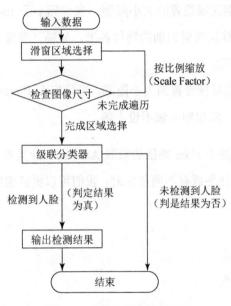

图 8-6 人脸检测算法的流程

在 OpenCV 中,调用人脸检测的函数为 detectMultiScale(),其功能为,对给定图像进行全域搜索,从而检测出不同尺寸的人脸,语法格式为:

```
detectMultiScale(image[, scaleFactor[, minNeighbors[, flags[,
minSize[, maxSize]]]]]) -> objects
```

detectMultiScale()函数包含以下几个主要参数。

- image:输入图像,需要进行人脸检测的图像,被检测的图像需要转化为灰度图。
- scaleFactor:前后两次相继扫描图像的缩放比例,用于针对不同远近的人脸图像进行逐步缩小检测。当 scaleFactor 的值设置得较大时,图像缩小得较快,相应检测速度加快(检测次数变少),如果将 scaleFactor 的值设置得过大,则可能会因为快速地压缩图像错过某个中间尺寸的人脸。通常将 scaleFactor 的值设置为 1～1.5，默认值为 1.1。

- minNeighbors：并不是所有完成分类器判断条件的矩形框都能被认为构成检测目标，minNeighbors 参数表示构成检测目标的矩形框需要拥有的相邻矩形的个数最小值，只有当相邻矩形个数大于此最小值时才能作为检测结果被输出，默认值为 3。在一般情况下，minNeighbors 的值设置得越大，人脸检测的正确率就越低，同时需要承担忽略部分人脸元素的风险。

- minSize：为识别区域设置的大小限额，当目标小于 minSize 的值时将被忽略（这里的目标指算法需要识别的物体各类，如猫、狗等），默认值为 None，即识别区域不设下限。

- maxSize：为识别目标设置的大小限额，当目标大于 maxSize 的值时将被忽略，默认值为 None，即识别区域不设上限。

OpenCV 除了提供基于 Haar 特征的级联 AdaBoost 分类器，也提供了其他类型的分类工具。在应对不同任务或有不同需求时，我们可以灵活定制所需的分类器以达到更好的效果。

8.3 项目分析

本项目的目标是采用 OpenCV 中的人脸检测接口对视频图像实现人脸检测捕捉。

8.3.1 项目介绍

本项目主要利用 Python 编程和 OpenCV 完成一个简单的人脸检测系统，该系统实现了从视频中检测出（同一画面内有一个或多个人脸）人脸的功能。

使用 OpenCV 中的视频处理和图像处理函数，并且调用人脸检测函数 detectMultiScale() 来进行不同大小的多重人脸识别，最后使用 OpenCV 的几何绘制功能将检测到的人脸位置用矩形框标示出以达到展示目的。

通过学习本项目，我们对 OpenCV 中人脸检测相关工具有了一定了解，在计算机视觉应用方面取得一定的实践经验。

8.3.2　界面效果

通过程序检测出图像中人脸所在位置并用矩形框标识，如图 8-7、图 8-8 所示。

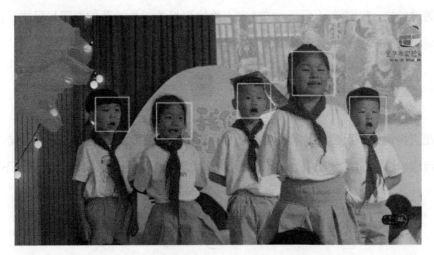

图 8-7　项目效果示意图（多人像人脸检测）

图 8-8　项目效果示意图（单人像人脸检测）

8.4 项目实现

通过前文，我们学习了 OpenCV 中人脸检测相关工具涉及的原理和用法。下面通过实训编程来熟悉一下有关算法工具。

8.4.1 模型配置细节

在直接调用多尺度人脸检测函数之前，我们先对需要用到的数据进行存储，同时完成级联模型内的参数配置。这一部分功能由类内函数 init() 来实现，代码如下：

```python
def __init__(self, model_path):

    self._model_path = model_path
    self._win = 'faceDetect'
    self._cap_address = ''

    self._image = None
    self._detector = None
    self._cap = None

    self._face_rect = None
```

在 Python 编程中，类内初始化函数 __init__() 用于配置类内受保护属性和初始化部分重要参数。在这里，先定义了模型路径 model_path，并将输出窗口命名为 faceDetect。cap_address 是输入视频的存储位置，如果在同一目录下则可用回归写法省略，否则为了编译时寻址需要填写待识别数据存储的完整地址。由于 image、detector、cap、face_react 等变量都是后续算法中需要跨类内函数使用的变量，因此需要在类初始化函数内完成声明。

8.4.2 检测算法应用

通常在计算机视觉中针对输入数据需要进行预处理，在此由于我们使用的是成熟完善的模型，因此不需更精细地对图像语义或像素级进行干预，只需要确保输入数据对应格式的正确。由于 OpenCV 中检测函数 detectMultiScale()适用的图像为单通道灰度图，首先使用 OpenCV 自带的视频处理功能（cv2.VideoCapture()）将视频按帧捕捉为图像并将其按列表存储，然后使用 cv2.cvtColor()函数将列表内图像统一转化为灰度图像。

同时通过 self._detector=cv2.CascadeClassifier(self._model_path)语句指定检测器为级联形式的模型。

核心语句 self._face_rect=self._detector.detectMultiScale()根据 OpenCV 人脸检测接口定义了检测器的参数为缩放比 scaleFactor=1.2，最小相邻窗口数 minNeighbors 为 3，最小检测目标大小为 32 像素×32 像素。

```
def run(self):
    self._cap = cv2.VideoCapture(self._cap_address)
    self._detector = cv2.CascadeClassifier(self._model_path)
    while True:
        _, self._image = self._cap.read()
        gray = cv2.cvtColor(self._image, cv2.COLOR_BGR2GRAY)
        self._face_rect = self._detector.detectMultiScale(gray,
scaleFactor=1.2, minNeighbors=3, minSize=(32, 32))
        self._drawResult()
        if cv2.waitKey(1) == ord('q'):
            break
    self._cap.release()
    cv2.destroyAllWindows()
```

最后实时输出检测结果。

8.4.3 输出检测结果

针对检测结果，我们简单设置矩形框标识人脸坐标，使用 OpenCV 中的基础几何绘制函数来绘制对应的人脸位置方框并显示在图像中。

```
def _drawResult(self):
    if len(self._face_rect) > 0:  # 当 len(self.face_rect)>0 时，
```

检测到人脸

```
        for faceRect in self._face_rect:   # 单独框出每一张人脸
            x, y, w, h = faceRect
            cv2.rectangle(self._image, (x - 10, y - 10), (x + w
+ 10, y + h + 10), (0, 255, 0), 2)
        cv2.imshow(self._win, self._image)
```

8.4.4 系统化编程

整合上述步骤，项目的完整代码如下：

```
import cv2


class FaceDetector:
    def __init__(self, model_path):

        self._model_path = model_path
        self._win = 'faceDetect'
        self._cap_address = 0                        # 数据放置

        self._image = None
        self._detector = None
        self._cap = None

        self._face_rect = None


    def _drawResult(self):
        # 当 len(self.face.rect)>0 时，检测到人脸
        if len(self._face_rect) > 0:
            for faceRect in self._face_rect:    # 单独框出每一张人脸
                x, y, w, h = faceRect
                cv2.rectangle(self._image, (x - 10, y - 10), (x + w
+ 10, y + h + 10), (0, 255, 0), 2)
        cv2.imshow(self._win, self._image)


    def run(self):
```

```
        self._cap = cv2.VideoCapture(self._cap_address)
        self._detector = cv2.CascadeClassifier(self._model_path)
        while True:
            _, self._image = self._cap.read()
            gray = cv2.cvtColor(self._image, cv2.COLOR_BGR2GRAY)
            self._face_rect = self._detector.detectMultiScale(gray,
scaleFactor=1.2, minNeighbors=3, minSize=(32, 32))
            self._drawResult()
            if cv2.waitKey(1) == ord('q'):
                break
        self._cap.release()
        cv2.destroyAllWindows()


    if __name__ == '__main__':
        detector = FaceDetector('resource/model/haarcascade_frontalface
_alt.xml')
        detector.run()
```

至此，我们顺利完成了符合要求的系统编程。

8.4.5　输出结果分析

运行程序可以得到对整个视频完整的目标动态捕捉结果，得到的部分人脸检测效果如图 8-9 所示。

图 8-9　部分人脸检测效果

图 8-9　部分人脸检测效果（续 1）

图 8-9　部分人脸检测效果（续 2）

通过检测结果可以看出，OpenCV 中基于 Haar 特征匹配的级联分类器，无论是对单个目标还是多个目标都有良好的适应性；同时能检测出不同景深的人脸目标，受图像景深状况和对比度影响较小。由于 Haar 特征的限制，本项目中的检测器只能匹配人物的正面脸部特征，对侧脸和遮挡的脸（如戴口罩等）识别度较差。

应用场景 8：人脸识别

人脸识别技术是通过人脸特征来识别分析的。通过视频图像判断并检测画面中是否存在面部。如果检测到，则进一步给出每个主要面部器官的位置、大小和特征信息。基于该信息，进一步提取每个面部中包含的身份特征并与已存在的面部信息进行比较以验证访问者的身份。

那么人脸识别是如何工作的呢？人脸识别的技术各有不同，但以下步骤是必不可少的基本步骤。

步骤1：从照片或视频中捕获脸部照片。你的脸可能单独出现，也可能出现在人群中。图像可能会显示你的正脸或侧脸。

步骤2：人脸识别软件读取脸部的几何形状。关键因素包括眼睛之间的距离及额头到下巴的距离。该软件可以识别面部标志，并将其作为识别你的脸的关键。结果是你的面部特征。

步骤3：将您的面部签名（一个数学公式）与已知面孔的数据库进行比较。

步骤4：确定你的面部特征是否与人脸识别系统数据库中的图像相匹配。

早期的人脸识别技术主要应用在安防领域，但现在慢慢转变为商业化应用。人脸识别技术的应用包括身份核验、支付验证、调查取证等。商用的人脸识别技术应用包括企业管理和刷脸支付等领域。在识别过程中，计算机使用相关软件对视频中的图像进行人脸图像采集、人脸定位、人脸识别预处理、身份确认和身份搜索，最终识别图像中的人物。

人脸识别技术采用了图像处理技术和生物统计学的原理。图像处理技术是从视频中提取出人脸图像，用于分析和建立数学模型，即人脸特征模板。使用人脸特征模板和被测试者的面部图像，执行特征分析，并根据分析结果给出类似的值，使用此值确定是否是同一个人。这项技术现在已被广泛应用到安防等重要领域。

人脸识别技术与其他生物识别技术相比，在可靠性、准确性方面较稳定，是安防领域的首选。近年来，人脸识别技术的安全应用受到了越来越多的关注。早期的人脸识别技术中的识别验证受到拍照角度、光线等因素影响，识别效果不甚理想，但是目前已经得到了逐渐改善，识别正确率大幅提高。人脸识别技术在监控中的智能应用也将受到越来越多的关注。

下面介绍几个人脸识别技术应用的场景。

- 机场安检。人脸识别系统可以监控人们在机场的进出。美国国土安全部利用这项技术识别那些签证过期或可能受到刑事调查的人。例如，华盛顿杜勒斯国际机场的海关官员在 2018 年 8 月首次使用人脸识别技术逮捕了一名试图入境的冒名顶替者。
- 手机制造商的产品。苹果公司首先使用人脸识别技术来解锁 iPhone X。利用面部 ID 进行身份验证，可以确保用户在访问手机时的身份。苹果公司表示，随机面部解锁手机的概率约为 1%。
- 大学教室。人脸识别软件可以用来点名。
- 网站上的社交媒体公司。当你将照片上传到平台时，Facebook 使用一种算法来识别面部。社交媒体公司询问是否要标记照片中的人物。如果选择是，将创建一个指向其个人资料的链接。Facebook 人脸识别准确率可达 98%。
- 零售商店。零售商可以结合监控摄像头和人脸识别技术来扫描购物者的面部。其中一个目的是识别可疑人物或潜在的扒手。

我国在面部识别技术上的开发成果颇丰，这项技术也被广泛应用于公安系统、网上支付、机场安检等多个领域。

第 9 章

人脸跟踪

- 了解人脸识别和人脸检测的算法原理。
- 了解人脸跟踪的算法原理。
- 掌握 OpenCV 相关函数的使用方法，综合运用这些函数实现人脸跟踪。

9.1 项目介绍

人脸跟踪作为计算机视觉的一个重要研究方向，一直以来都是行业热点，从人脸对齐、人脸检测，到人脸识别、人脸跟踪，无不具有广泛的应用前景。本项目主要实现了一个简单的人脸跟踪系统，该系统主要实现了在人脸检测的基础上，从人脸检测模式切换到人脸跟踪模式进行人脸跟踪的功能。人脸窗口初始化是人脸跟踪的前提，通过人脸检测定位出人脸跟踪的初始化窗口，人脸跟踪实现了对从当前帧获取到的人脸进行跟踪的功能。读者通过学习本项目，能够掌握人脸识别和检测、人脸跟踪的算法原理，并能够综合运用 OpenCV 的相关函数实现人脸跟踪功能，提高计算机视觉项目的开发能力。

9.2 人脸跟踪原理

人脸检测是指在给定图像中找出所有包含人脸的子区域，并与其他区域区别开来。人脸具有明显的五官特征（眼睛、眉毛、鼻子、嘴巴等），但是由于人的个体差异，五官特征也有差别。即使是同一个人，在不同的姿态、不同的光线、不同的角度下，表现出来的五官特征也是不相同的，甚至人脸会出现不同程度的遮挡，这便给人脸检测带来了巨大的挑战，其难点主要集中在人脸特征的提取。人脸跟踪的难点在于，跟踪过程中出现遮挡、光线、姿态等变化时能够有效地实现稳定的跟踪。

人脸检测和人脸跟踪算法的提出，最开始是为了解决人脸识别这个问题。早期的人脸检测算法性能简单且适用性不高，只能对单一场景进行检测，通常要求图像背景简单、人脸必须面对摄像机才具有大量的先验信息。基于检测的人脸跟踪对视频序列中的每一帧图像都进行人脸检测，从而在完整的视频序列中体现出跟踪效果，这种算法精确度高，但是计算速度慢；基于帧间信息的人脸跟踪通过相邻两帧图像的特征信息，以及给定前一帧图像中人脸位置信息，从而输出下一帧人脸位置信息，这种算法计算速度快，但精度没有前者高。在视频中进行人脸识别时，只需对其中一幅图像进行识别，不需要对视频序列中的每一幅图像进行烦琐的操作，充分利用了视频序列图像信息的传承性。在视频中进行人脸跟踪的关键问题是，如何在环境光线、人体姿态、遮挡物等诸多变化中对人脸实现持续、稳定的跟踪。跟踪和检测是分不开的，跟踪能够加快算法的检测速率，而检测能够提高算法的准确性。人脸跟踪算法需要结合两者的优点，将跟踪和检测有机结合在一起。

9.2.1 基于特征匹配的跟踪

基于特征匹配的跟踪不用考虑所跟踪目标的整体特征，即不用关心该目标是什么，只需要通过目标物体的一些个体特征来进行跟踪。由于图像序列间的采样时间间隔通常很短，因此我们可以认为这些个体特征在运动形式上具有平滑性，并且可以通过这些个体特征来完成目标物体的跟踪过程，进而充分利用空间位置相对不变的影像特征，提取出该帧图像和参考图像的特征量，然后按照一种或几种相似性度量对两者进行比较。如果该帧图像的特征集和参考图像的特征集之间，在给定的约束条件下，满足"距离最小"的原则，将该物体作为跟踪的目标。

采用基于特征匹配的方法进行序列图像运动目标的跟踪包括特征提取和特征匹配两个过程。在特征提取过程中需要选择适当的跟踪特征，并且在序列图像的下一帧中提取这些特征；在特征匹配过程中，将提取当前帧的特征与上一帧或用来确定目标物体的特征模板进行比较，根据比较结果确定是否是对应物体，从而完成跟踪过程。

9.2.2　基于区域匹配的跟踪

基于区域匹配的跟踪是把图像中目标物体的连通区域的共有特征信息作为跟踪检测值的一种方法。在连续的图像中，我们可以采用多种区域信息，如纹理信息、颜色信息等。该方法不需要在序列图像的下一帧中找到与上一帧图像完全相同的特征信息。在通常情况下，我们通过计算获取区域和原始目标物体之间的相关性来判断跟踪物体的位置。检测获取区域与上一帧的相关系数越大，越有可能是同一个区域。基于区域的跟踪可以选用根据整个区域（如运动特性、纹理特性）提供的单一特征信息来实现跟踪，由于在实际跟踪过程中单一特征往往不太好选择，也可以采用目标物体的多个特征进行跟踪。

基于区域匹配的跟踪具有精度高、不依赖于具体目标模型等优点，可用于实现人物头部自由运动的跟踪。由于区域特征仅利用了图像的低层信息，且不能根据目标的整体形状来对跟踪结果进行调整，因此在长时间连续跟踪时，容易因误差累积而发生目标丢失的情况。

9.2.3　基于模型匹配的跟踪

基于模型匹配的跟踪是指通过建立模型的方法来表示需要跟踪的目标物体，然后在序列图像中跟踪这个模型来达到跟踪的目的。这个领域的早期研究主要集中在刚性物体的模型匹配上，对于刚性物体或近似于刚性的物体在大多数情况下，其运动状态变换主要是平移、旋转和仿射运动。我们可以通过采用计算相关匹配，或者通过 Hough 变换的方法来获取图像在下一帧的位置。但是在实际应用中，需要跟踪的对象并非总是刚性物体，而且目标物体确切的几何模型也并不容易获取。而变形轮廓模板由于可以发生形变以匹配到目标形状，使用它进行跟踪可以更加灵活，在处理非刚性目标物体跟踪时也能达到较好的效果。目前主要有两种类型的可变形模型：一种是自由式的变形模型，只要满足一些简单的正则化约束条件（如连续性、平滑性等），就可以用来跟踪任意形状的目标物体，这类方法通常又被称为"活动轮廓模型"；另一种是参数形式的变形模型，它使用一个参数公式，或者一个原形与一个变形公式来共同描述目标物体的形状。

自由式的变形模型是利用封闭的曲线轮廓来表达运动目标的，并且该轮廓能够自动连续更新，其工作过程就是活动轮廓在模拟的外力（外部能量）和内力（内部能量）作用下向物体边缘靠近的过程。外力推动活动轮廓向物体边缘运动，而内力保持活动轮廓的光滑性和拓扑性，当到达平衡位置时（对应于能量最小）活动轮廓收敛到所要检测的物体边缘。基于主动轮廓模型的跟踪方法是近些年发展较快的一种方法，其基本思想是使用一组封闭的轮廓曲线表示目标，将曲线作为模板，在相邻帧的边缘图像中匹配并跟踪模板。主动轮廓模型比物体的整体模型通用性好，又比基于底层特征的信号处理有更强的抗背景干扰功能。

参数形式的变形模型主要应用在目标物体的一些先验的几何形状信息已知的情况下，而且其轮廓可以通过参数来表示。有两种通用的方法来生成参数形式的变形模型：第一种解析变形模型通过一系列的解析曲线（二次曲线）来描述，模型中的不同形状可以通过不同的参数来设定。与主动轮廓模型相比较，参数形式的变形模型中表示能量的不是边界本身，而是参数，主动轮廓模型计算的结果是边界，而参数形式的变形模型是参数，还需要进行下一步计算来获取整个轮廓。基于解析变形模型的匹配跟踪比较容易计算，但是其要求几何模型必须容易构建。第二种基于原形的变形模型定义一些比较通用的模型，称为标准、原形等，用这些原形最近似、最平均、最有代表性地描述了目标物体的形状。该方法使用一个全局一致的通用结构，以及一个可以独立的偏差进行跟踪描述。跟踪过程中的每一个实例都是在原形基础之上通过参数映射的方法来描述的，使用不同参数将产生不同目标物体的轮廓形状。

9.3 基于 OpenCV 的人脸跟踪实现

9.3.1 人脸检测功能的实现

微课：人脸跟踪

人脸检测窗口初始化是人脸跟踪的前提，通过人脸检测定位出人脸跟踪的初始化窗口，后续的人脸跟踪将对该初始化窗口进行跟踪。在人脸跟踪的过程中，我们根据人脸检测来修正跟踪过程中累积的误差，对跟踪结果进行修正。

人脸跟踪的效果如图 9-1 所示。

图 9-1 人脸跟踪的效果

计算机视觉应用实战（OpenCV）（微课版）

人脸检测的目的是，将视频图像中各种姿态的人脸标记出来。人脸特征的提取与计算是人脸检测的关键。由于 Haar-like 特征易于计算且适合描述人脸外观，因此选取 Haar-like 特征作为人脸检测的关键特征。实现人脸检测的流程主要包括人脸 Haar-like 特征提取、AdaBoost 级联分类器生成及人脸检测结果生成 3 个环节。基于 Haar-like 特征及特征值计算的人脸检测是一种分类问题，即将图像窗口分类为人脸区域或背景区域。由于人脸的 Haar-like 特征易于区分而且不依赖于外部条件变化，并能将人脸同背景或其他目标区分开，因此 Haar-like 特征是人脸检测的关键特征。Haar-like 特征主要表现为水平、垂直、对角线方向上的信息。由于 Haar-like 特征值定义为图像中白色矩形区域内部所有像素之和与黑色矩形区域所有像素之和的差值，因此 Haar-like 特征又被称为"矩形特征"。

分类器的训练分为弱分类器的训练和强分类器的训练。对弱分类器的训练实际上就是用所有的人脸和非人脸数据集训练每一个 Haar_like 特征，通过积分图计算相应的特征值，选出能让正负样本分离最大化的特征值，并将其设置为阈值，最后在将 Haar_like 特征作为弱分类器的情况下，通过阈值来判断一幅图像是否为人脸。

```python
class FaceDetector:
    def __init__(self, model_path):

        self._model_path = model_path
        self._win = 'faceDetect'
        self._cap_address = 0

        self._image = None
        self._detector = None
        self._cap = None

        self._face_rect = None

    def _drawResult(self):
        # 当len(self.facerect)>0 时，检测到人脸
        if len(self._face_rect) > 0:
            for faceRect in self._face_rect:  # 单独框出每一张人脸
                x, y, w, h = faceRect
                cv2.rectangle(self._image, (x - 10, y - 10), (x + w +
```

154

```
10, y + h + 10), (0, 255, 0), 2)
        cv2.imshow(self._win, self._image)


    def run(self):
        self._cap = cv2.VideoCapture(self._cap_address)
        self._detector = cv2.CascadeClassifier(self._model_path)
        while True:
            _, self._image = self._cap.read()
            gray = cv2.cvtColor(self._image, cv2.COLOR_BGR2GRAY)
            self._face_rect = self._detector.detectMultiScale(gray,
scaleFactor=1.2, minNeighbors=3, minSize=(32, 32))
            self._drawResult()
            if cv2.waitKey(1) == ord('q'):
                break
        self._cap.release()
        cv2.destroyAllWindows()



if __name__ == '__main__':
    detector =
FaceDetector('resource/model/haarcascade_frontalface_alt.xml')
    detector.run()
```

9.3.2　检测模式和跟踪模式的切换

人脸跟踪和人脸检测是紧密联系的。通过 AdaBoost 分类器进行人脸检测可以
生成人脸初始化窗口，又根据人脸肤色这个显著的特征对人脸图像进行肤色检测，
使检测结果更加可靠。在视频图像中，由于人脸姿态的改变、遮挡物的出现、环境
光照的影响，人脸会被误检或漏检，因此采用人脸跟踪进行后续人脸窗口的捕捉以
取代人脸检测，保证在视频图像序列中能够有效地定位人脸，设置了检测模式和跟
踪模式的切换。

代码如下：

```
def _setBarConfig(self):
    cv2.namedWindow(self._win)
```

```
        cv2.createTrackbar(self._bar_name_track, self._win, 0, 1,
self._callback)
```

9.3.3 跟踪器的实现

代码如下：

```python
import cv2


class Tracker:
    def __init__(self, detecor_model_path):
        self._win = 'tracker'
        self._detector = None
        self._rect = None
        self._tracker = None
        self._cap_address = 0
        self._image = None
        self._detector_model_path = detecor_model_path

        self._bar_value_track = 0
        self._bar_value_detect = 0


        self._bar_name_track = 'track'


    def _setBarConfig(self):
        cv2.namedWindow(self._win)
        cv2.createTrackbar(self._bar_name_track, self._win, 0, 1,
self._callback)

    def _callback(self, input):
        self._bar_value_track =
cv2.getTrackbarPos(self._bar_name_track, self._win)


    def _detect(self):
        self._detector =
```

```
cv2.CascadeClassifier(self._detector_model_path)
        while True:
            _, self._image = self._cap.read()
            gray = cv2.cvtColor(self._image, cv2.COLOR_BGR2GRAY)
            self._rect = self._detector.detectMultiScale(gray,
scaleFactor=1.2, minNeighbors=3, minSize=(32, 32))
            if len(self._rect) > 0:
                self._rect = self._rect[0]
                cv2.rectangle(self._image, (self._rect[0],
self._rect[1]),
                            (self._rect[0] + self._rect[2],
self._rect[1] + self._rect[3]), (0, 255, 0), 2)
                cv2.imshow(self._win, self._image)
                cv2.waitKey(25)
            if self._bar_value_track == 1:
                break


    def _initTracker(self):
        self._tracker = cv2.TrackerKCF_create()
        self._tracker.init(self._image, tuple(self._rect))


    def _drawResult(self):
        p1 = (int(self._rect[0]), int(self._rect[1]))
        p2 = (int(self._rect[0] + self._rect[2]), int(self._rect[1] +
self._rect[3]))
        cv2.rectangle(self._image, p1, p2, (0, 0, 255), 2, 1)
        cv2.imshow(self._win, self._image)


    def run(self):
        self._cap = cv2.VideoCapture(self._cap_address)
        _, self._image = self._cap.read()
        self._setBarConfig()
        self._detect()
        self._initTracker()
```

```python
    while True:
        _, self._image = self._cap.read()
        _, self._rect = self._tracker.update(self._image)
        self._drawResult()
        if cv2.waitKey(1) == ord('q'):
            break
    self._cap.release()
    cv2.destroyAllWindows()


if __name__ == '__main__':

    tracker =
Tracker('resource/model/haarcascade_frontalface_alt.xml')
    tracker.run()
```

9.3.4　人脸特征点定位实现

代码如下：

```python
# 导入工具包
import numpy as np
import dlib
import cv2


FACIAL_LANDMARKS_68_IDXS = dict([
    ("mouth", (48, 68)),
    ("right_eyebrow", (17, 22)),
    ("left_eyebrow", (22, 27)),
    ("right_eye", (36, 42)),
    ("left_eye", (42, 48)),
    ("nose", (27, 36)),
    ("jaw", (0, 17))
])


def shape_to_np(shape, dtype="int"):
    # 创建一个矩阵
```

```
        coords = np.zeros((shape.num_parts, 2), dtype=dtype)
    # 遍历每一个关键点
    # 获取坐标
    for i in range(0, shape.num_parts):
        # 第 i 个关键点的横纵坐标
        coords[i] = (shape.part(i).x, shape.part(i).y)
    return coords


def visualize_facial_landmarks(image, shape, colors=None,
alpha=0.75):
    overlay = image.copy()
    output = image.copy()
    # 设置一些颜色区域
    if colors is None:
        colors = [(19, 199, 109), (79, 76, 240), (230, 159, 23),
                  (168, 100, 168), (158, 163, 32),
                  (163, 38, 32), (180, 42, 220)]
    # 遍历每一个区域
    for (i, name) in enumerate(FACIAL_LANDMARKS_68_IDXS.keys()):
        # 获取每一个点的坐标
        (j, k) = FACIAL_LANDMARKS_68_IDXS[name]
        pts = shape[j:k]
        # 检查位置
        if name == "jaw":
            # 用线条连接起来
            for l in range(1, len(pts)):
                ptA = tuple(pts[l - 1])
                ptB = tuple(pts[l])
                cv2.line(overlay, ptA, ptB, colors[i], 2)
        # 计算凸包
        else:
            hull = cv2.convexHull(pts)
            cv2.drawContours(overlay, [hull], -1, colors[i], -1)
    # 叠加在原图上, 可以指定比例
    cv2.addWeighted(overlay, alpha, output, 1 - alpha, 0, output)
    return output
```

```python
# 加载人脸检测与关键点定位
detector = dlib.get_frontal_face_detector()
predictor =
dlib.shape_predictor('shape_predictor_68_face_landmarks.dat')

# 读取输入数据，进行预处理
image = cv2.imread('./images/liudehua2.jpg')
(h, w) = image.shape[:2]
width = 500
r = width / float(w)
dim = (width, int(h * r))
image = cv2.resize(image, dim, interpolation=cv2.INTER_AREA)
gray = cv2.cvtColor(image, cv2.COLOR_BGR2GRAY)

# 人脸检测
rects = detector(gray, 1)

# 遍历检测到的人脸框
for (_, rect) in enumerate(rects):
    # 对人脸框进行关键点定位
    # 转换成 numpy 数组
    shape = predictor(gray, rect)
    shape = shape_to_np(shape)

    # 遍历每一部分
    for (name, (i, j)) in FACIAL_LANDMARKS_68_IDXS.items():
        clone = image.copy()
        cv2.putText(clone, name, (10, 30), cv2.FONT_HERSHEY_SIMPLEX,
                0.7, (0, 0, 255), 2)

        # 根据位置画点
        for (x, y) in shape[i:j]:
            cv2.circle(clone, (x, y), 3, (0, 0, 255), -1)

        # 提取 ROI 区域
        (x, y, w, h) = cv2.boundingRect(np.array([[shape[i:j]]]))
```

```
roi = image[y:y + h, x:x + w]
(h, w) = roi.shape[:2]
width = 250
r = width / float(w)
dim = (width, int(h * r))
roi = cv2.resize(roi, dim, interpolation=cv2.INTER_AREA)

# 显示每一部分
cv2.imshow("ROI", roi)
cv2.imshow("Image", clone)
cv2.waitKey(0)

# 展示所有区域
output = visualize_facial_landmarks(image, shape)
cv2.imshow("Image", output)
cv2.waitKey(0)
cv2.destroyAllWindows()
```

应用场景 9：自动驾驶汽车

自动驾驶汽车（Autonomous vehicles 或 Self-driving automobile）又被称为"无人驾驶汽车""电脑驾驶汽车""轮式移动机器人"，是一种通过计算机系统实现无人驾驶的智能汽车。自诞生以来，已有数十年的发展历史，21 世纪初呈现出接近实用化的趋势。

自动驾驶汽车依靠人工智能、视觉计算、雷达、监控装置和全球定位系统协同合作，让计算机可以在没有任何人类主动操作下，自动安全地操作机动车辆。

汽车自动驾驶技术通过视频摄像头、雷达传感器与激光测距器来了解周围的交通状况，并通过一张详细的地图（通过有人驾驶汽车采集的地图）对前方的道路进行导航。这些都是通过一个数据中心来实现的。数据中心能处理汽车收集的有关周围地形的大量信息。

沃尔沃公司根据自动化水平的高低区分了 4 个无人驾驶的阶段：驾驶辅助系统、部分自动化系统、高度自动化系统、完全自动化系统。

- 驾驶辅助系统（DAS）：为驾驶者提供协助，包括提供重要的、有益的驾驶相关信息，以及在形势开始变得危急时发出明确而简洁的警告，如"车道偏离警告系统"（LDW）等。
- 部分自动化系统：在驾驶者收到警告却未能及时采取相应行动时能够自动进行干预的系统，如"自动紧急制动系统"（AEB）和"应急车道辅助系统"（ELA）等。
- 高度自动化系统：能够在或长或短的时间段内代替驾驶者承担操控车辆的职责，但是仍需驾驶者对驾驶活动进行监控的系统。
- 完全自动化系统：可无人驾驶车辆、允许车内所有乘员从事其他活动且无须进行监控的系统。这种自动化水平允许乘员休息和睡觉及进行其他娱乐活动等。

2019 年 9 月，由百度和一汽联手打造的中国首批量产 L4 级自动驾驶乘用车——红旗 EV，获得 5 张北京市自动驾驶道路测试牌照。2019 年 9 月 22 日，国家智能网联汽车（武汉）测试示范区正式揭牌，百度、海梁科技、深兰科技等企业获得全球首张自动驾驶车辆商用牌照。2019 年 9 月 26 日，百度在长沙宣布，自动驾驶出租车队 Robotaxi 试运营正式开启。

百度无人驾驶汽车项目于 2013 年起步，由百度研究院主导研发，其技术核心是"百度汽车大脑"，包括高精度地图、定位、感知、智能决策与控制四大模块。其中，百度自主采集和制作的高精度地图能够完整地记录三维道路信息，也能在厘米级精度实现车辆定位。同时，百度无人驾驶汽车依托国际领先的交通场景物体识别技术和环境感知技术，实现高精度车辆探测识别、跟踪、距离和速度估计、路面分割、车道线检测，为自动驾驶的智能决策提供了依据。

百度无人驾驶汽车可以自动识别交通指示牌和行车信息，并且配备了雷达、相机、全球卫星导航等电子设施，以及安装了同步传感器。乘员只要向导航系统输入目的地，汽车即可自动行驶，前往目的地。在行驶过程中，汽车会通过传感设备上传路况信息，在大量数据基础上进行实时定位分析，从而判断汽车的行驶方向和速度。

全球知名经济咨询机构 IHS 环球透视（以下简称 IHS）汽车部门预测，截至 2035 年，全球将拥有近 5400 万辆自动驾驶汽车，而全自动化汽车的推出速度会相对较慢。预计到 2035 年自动驾驶汽车的全球总销量将由 2025 年的 23 万辆上升到 1180 万辆，而无人驾驶全自动化汽车将于 2030 年左右面世。

参考文献

［1］Gary Bradski，Adrian Kaehler. 学习 OpenCV（中文版）［M］. 于仕琪、刘瑞祯，译. 北京：清华大学出版社，2009.

［2］荣嘉祺. OpenCV 图像处理入门与实践［M］. 北京：人民邮电出版社，2021.11.

［3］明日科技. Python OpenCV 从入门到精通［M］. 北京：清华大学出版社，2021.9.

高等职业教育人工智能工程技术系列教材

人工智能和智能生活（熊建宇）

Python与人工智能应用技术（郭新 任红卫）

机器学习入门与实战（微课版）（王志 陶再平）

● **计算机视觉应用实战（OpenCV）（微课版）**（王伟斌 黄日辰）

机器学习实践教程（吕焱飞）

Python程序设计及数据分析（王志 邬贤达）

深度学习入门及实践（王雪 王志）

OpenCV图像处理技术（微课版）（傅贤君 沈茗戈 汪婵婵）

自然语言处理及知识图谱（汤卓远 王志）

ISBN 978-7-121-45056-3

9 787121 450563 >

责任编辑：徐建军
封面设计：孙焱津

定价：49.00 元